New Wun Ching Developmental Publishing Co., Ltd.

New Age · New Choice · The Best Selected Educational Publications — NEW WCDP

第 **7** 版

行銷管理

實務與應用

劉亦欣 編著

Seventh Edition

Practice and Application of

Marketing
Management

　　2020年，是一個讓全球震撼的年度！新冠肺炎的威力改變所有人的生活與工作！這波疫情徹底顛覆原有的行銷模式，尤其保持社交距離與各國管制，讓許多行銷活動無法正常運作，只能透過科技與網路，創造新的溝通與行銷機制，加上國內振興券的推動與全球讚許臺灣防疫成功，疫情期間的各行各業案例，更是值得你我學習！如何在後疫情時代，持續經營品牌？

　　本書正逢此時再版，整理許多實例與內容，帶領您更輕鬆了解行銷！此書的編排中加上了臉書實例練習與網站行銷，深信能強化你的學習提升！另外一方面，行銷大師菲力普・科特勒曾強調，企業今天面臨的主要問題不在商品短缺，而是在於「顧客短缺」，由於全球化與網路化，行銷變成一門創造真正顧客價值的藝術。不論你主修的科系為何，現今的企業必須朝整體行銷來面臨挑戰，不單單由行銷部門來執行行銷活動，只要是企業的成員，都必須視「行銷」為個人知識的一部分。因此，學習行銷已非商科學生的專利，從非營利組織到大學院校，處處可以發現行銷的發展趨勢，從正面來看，「行銷」會一直活躍下去，相反的，行銷將不會是你我從前所學的那一套。因此，放眼望去，我們不難發現AI人工智慧、大數據、網紅、自媒體行銷、直播、行動商務已經與Z世代不斷溝通！再次改變行銷的世界！

　　本書希望傳遞不同的行銷經驗與教材，讓讀者能從身旁的行銷活動來認識行銷。文中加入理論與實務應用及焦點行銷話題，讓讀者擁有一趟充滿趣味的學習之旅。另外，書中也收錄多篇各行各業的網路行銷「看他們在行銷」單元，藉此讓讀者一窺網路行銷的面貌；「行銷企劃內心話」單元，主要提供讀者不可不知的「行銷企劃」職場經驗；以及「產品會客室」讓你有實務練習的機會，同時收集一些實務案例做為讀者發想的練習；其餘在每章角落也會適時加入「廣告金句」，讓讀者有互動的機會，在此次新版中加入「我的IG企劃」讓從事行銷工作的你有機會了解實務運用。

　　希望結合個人在教學上的經驗，透過本書的介紹能讓不管是商管或非本科系的學生，或有志朝行銷領域發展的讀者，都能夠輕鬆認識行銷，更重要的是能立即發揮所長。本書若有不完善或疏漏之處，期盼各位先進不吝指正。

劉亦欣　謹識

本書特色

- 文中穿插相關圖片，使學習充滿趣味。

- 蒐集行銷主題的雜誌文章，此單元「行銷話題」能讓讀者了解近年來行銷事紀，藉此迅速進入行銷領域。

- 「看他們在行銷」單元是讓你無需上網，即能立即了解網路行銷的世界，本單元介紹各行各業的公司首頁，藉此比較其中的差異與呈現手法。

- 「行銷企劃內心話」單元，是職場行銷企劃的甘苦談，藉由訪問實務界的行銷人員，讓有心往行銷領域發展的你，除了得知經驗外，也能做好一番行銷Interview的準備。

- 「產品會客室」是一個實務練習的園地，單元內介紹行銷人員的工作，讓你彷彿置身行銷部門，能有創意的show出你的實力。

- 書中的角落會有「廣告金句」與「靈光一現」的空白處，希望你大膽記下自己的偶發奇想。

- 書中的「媒體搶先報」介紹行銷人員應知道的廣告媒體資訊與概況，讓未來在擬定媒體計畫時，有一些基本認識。

- 書中的「焦點行銷話題」，能讓讀者了解行銷趨勢及創意的來源，以增加自身的行銷實力。

- 章末的「行銷隨堂筆記」，依據網站、產品、臉書案例，讓讀者有思考、撰文的機會，可將喜歡的案例剪貼下來，並發揮創意，寫下自己風格的文案。

- 「我的IG企劃」，提供實務上IG的樣貌，邀請正在使用此書的你能練習拍照、撰文或選擇合適圖庫加以運用與呈現。

Contents

Ⅰ. 計畫名稱

Ⅱ. 計畫的目標

Ⅲ. 情勢分析

＊ 整體情勢（政治、經濟、文化、科技、法律）

＊ 五力分析 ―　　　　　 ― 新競爭對手的加入

＊ 競爭者現況 ―　　　　 ― 替代者的威脅

＊ 經銷商現況 ―　　　　 ― 客戶的議價實力

＊ 供應商現況 ―　　　　 ― 供應商的議價實力

＊ 現有客戶現況 ―　　　 ― 既有競爭者間的競爭

Ⅳ. 公司SWOT(T,O,W,S)分析

（※註在最新Kotler的發表中，強調SWOT的順序應改變為TOWS，即依威脅、機會、劣勢、優勢之順序）

＊ 威脅 (Threats)

＊ 機會 (Opportunities)

＊ 劣勢 (Weakness)

＊ 優勢 (Strength)

Ⅴ. (此次計畫) 市場區隔與目標市場

Ⅵ. 行銷策略 (此部分不侷限4P，可依公司實體現況)

＊ 產品策略(product)　　　　＊ 價格策略(price)

＊ 通路策略(place)　　　　　＊ 促銷策略(promotion)

＊ 包裝(packaging)　　　　　＊ 銷售團隊(sales force)

＊ 網路行銷　　　　　　　　＊ 公關與媒體

＊ 客戶關係管理

Ⅶ. 執行方案

Ⅷ. 預算與控制

行銷的概論 01

- 了解行銷的意義與核心觀念
- 明瞭行銷事件與任務
- 認識近年來的行銷新趨勢

"STARBUCKS COFFEE" 字環搭配美人魚圖樣，已經成為咖啡代名詞，官網首頁以累積星里程促進消費，各檔期推出新產品創造話題性。

資料來源：https://www.starbucks.com.tw/home/index.jspx

「行銷管理是一門選擇目標市場，並且透過創造、溝通、傳送優越的顧客價值，以獲取、維繫、增加顧客的藝術和科學」。

～菲力普・科特勒，《行銷是什麼？》。商周，P.30。

1-1 前 言

　　「行銷」是一件與生活密不可分的活動！可能您剛剛才在7-ELEVEN微波了一個新國民便當，並順手買了王建民勝投紀念球，想透過黑貓宅急便送給另一半做為情人節禮物。是的，我們一天當中，絕大多數都在享受著行銷的商品或服務，甚至一個觀念的獲得亦都是拜行銷所賜，以往的年代彷彿只有商科的科班生有機會將商品及服務做完整的規劃，但此刻隨著環境的改變，也讓許多非科班的人開創新的領域。同時，年紀已不再拘泥於想賺錢、胸懷大志的年輕人，我們可以發現夜市的攤位中，不乏有七年級生的成功經驗，所以「行銷」可說是一項全民運動。此外，許多企業也開始注重本身的企業形象，塑造企業公民的表徵，「行銷」正是一項不可或缺的力量，推動企業前進。本章的目的首先帶領大家認識行銷的定義，同時探討行銷管理的標的，進一步說明行銷的核心觀念。最後，介紹目前普遍的行銷趨勢，以及擔任行銷人員的使命與任務。

1-2 行銷的定義

　　在許多行銷管理的書籍中，經常開宗明義的說明行銷的定義，除了菲力普‧科特勒(Philip Kotler)的精闢見解外，最具代表性的便是美國行銷協會(AMA)對行銷的定義：「行銷是理念、商品、服務、概念、訂價、促銷及配銷」等一系列活動的規劃與執行過程，經由這個過程，可創造交換活動，以滿足個人與組織的目標」。

　　科特勒更是將行銷做最新、最完整的詮釋，在近來他出的一本書「行銷是什麼」中提出行銷的定義：「行銷管理是一門選擇目標市場，並且透過創造、溝通、傳送優越的顧客價值，以獲取、維繫、增

加顧客的藝術和科學。」**1** 更詳盡的定義：「行銷是一個企業功能，用來找出尚未得到滿足的需要和渴求，界定並衡量這些需要和渴求的強度和潛在的獲利能力，決定哪個目標市場組織可以服務得最好，決定用來服務這些目標市場的合適產品、服務和規劃，並且要求組織裡的每一分子都要為顧客著想、為顧客服務。」**2** 針對以上兩個定義，我們似乎看見了幾項行銷的核心觀念，包括需要、慾望、需求、市場區隔、產品與服務，另外還包含了價值、品牌等，以上將在第四節詳細介紹。當我們透過科特勒大師精湛的詮釋後，行銷的定義已非單純的銷售產品或提供服務罷了，行銷已無法與銷售混為一談，銷售是從生產製造出產品之後才展開的，而行銷卻是在生產前便開始的一連串規劃與決策，同時隨著產品在市場中的情形與顧客的滿意程度，不斷的調整與創新（參考圖1.1銷售與行銷的差異）。

1　菲力普‧科特勒，張振明譯，《行銷是什麼？》。商周，P.30。

2　菲力普‧科特勒，張振明譯，《行銷是什麼？》。商周，P.30。

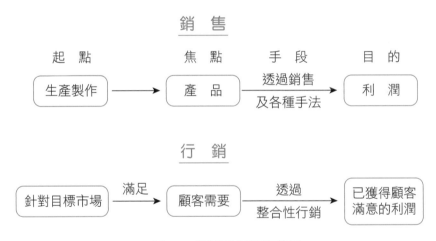

◐ 圖1.1　銷售與行銷的差異

參考：菲力普‧科特勒Philip Kotler著，方世榮譯，11版，東華書局，P.24。

　　因此行銷是一門創造顧客價值的藝術，今天尚有許多企業將行銷視做一個部門功能而已，這是錯誤的觀念，因為企業不能將行銷視為一項又一項的交易的行為，應該認清「行銷」的目的是與顧客建立長久維繫的關係。顧客是企業的資產，難道將如此重要的任務由一個行銷部門來執行嗎？應該由企業全體的力量來支援，納爾特教授也用精闢的方式說明：「光靠匆匆忙忙成立一個行銷部門或者團隊，你是無

廣告金句Slogan

做你自己才叫乖，

做你的乖乖！

（乖乖）

法創造真正的行銷文化的，就算你指派極端能幹的人來做都沒辦法。行銷始於管理高層，如果管理高層都不重視顧客需求的話，那麼公司裡的其他人又怎麼能夠接受行銷理念，並且加以執行呢？」[3]

綜合以上，我們可以確定的是，身為一位行銷人員，應該擴大自己的見解，隨時注意大環境的變動，同時具備良好的溝通協調能力，才能成功行銷企業與產品。行銷是一個核心，值得企業主重新思考的問題。

3　菲力普・科特勒，張振明譯，《行銷是什麼？》。商周，P.31。

行銷企劃內心話

「行銷部門對公司而言有時似乎顯得不重要，尤其在沒有預算時，但是別沮喪，此時正是化危機為轉機的好時機，不妨主動協助業務部，必要時，業務部會為你外出拚命打廣告！」

～傳統產業行銷部張先生

行銷部門的一天

請你為以下這一段文字作刪減，並為它下一個大標題。

～此項練習，目的為培養你有設計行銷活動標題的能力，讓你能運用海報、文宣展現產品特色。

「本產品的成分來自於日本北海道的牛奶，香濃營養，更添加對人體有益的活菌，是成長青少年最好的飲品。」

靈光一現

⚇ 焦點行銷話題

因應趨勢的創意商機

文／翟南 Brain, NO.531, 2020.07

口罩也是可以戴得美美的

幾個月來，大家每天跟口罩形影不離、相依為命，雖然非常辛苦，但想想對於廣告行銷界的女子們，如果能拿口罩來遮掩一下平日髒話連篇、喝酒吃肉的血盆大口，並藉著假睫毛、雙眼皮貼紙和瞳孔放大片來引誘小鮮肉誤入虎狼之窟，完成人生的夢想（同時終結另一個人的夢想），倒也算是美事一樁，但是口罩束帶整天掛在耳朵上，不但會讓耳根發疼，萬一不小心讓耳朵被撐成小飛象，那就只能含淚去馬戲團習藝謀生了，因此翟南要來跟大家介紹個好東西。

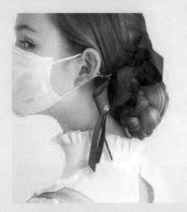

圖片來源：https://reurl.cc/WdpyyZ

最棒的在家工作服

想要在疫情之中尋找商機的，可不只「mayla classic」喔。受到疫情影響，除了天天得戴口罩之外，有些人的工作方式也開始改變，從每天到辦公室上班變成了居家工作。

究極的貓屋

隨著毛小孩商機日益興隆，「Felissimo」也在2010年9月成立特別的「貓部」，只要是跟貓咪有關的商品全部都賣，而即將慶祝10週年慶的貓部，在去年底和今年4月推出了最極致的貓咪商品：貓之家。

Felissimo貓部與位於神戶的不動產業者和田興產合作，全面運用貓奴的觀點與和田興產的設計師進行溝通，經過二年的努力後，終於在去年12月於神戶鄰近明石海峽大橋的垂水區高丸3丁目，完成一棟總共4戶的公寓出租住宅貓之家，堪稱為貓奴眼中主子們的完美住居，因為廣受好評，於是雙方繼續在今年4月合力於垂水區城山4丁目推出二層樓、總共12戶的單身公寓出租住宅貓之家，這貓之家裡有哪些精心設計呢？就讓我們來一探究竟。

在進入公寓的入口處，就能看到金屬板剪影的貓燈，醞釀出貓宅的氣氛，接著我們走進房間，首先會注意的就是挑高非常高的天花板，以及牆壁上圍繞整個客廳的貓階梯，這樣的規劃是為了避免家貓吃的多卻運動不足，之後每隻都得改名叫加菲，而特別設計的運動空間（雖然更需要運動的通常都是貓奴自己），加上貓主子也喜歡位居高處君臨天下，因此一定得讓主子可以爬上爬下。

膠水蜂蜜？蜂蜜膠水？

「蜂蜜膠水！？YAMATO」每瓶售價日幣未稅800日圓（約新臺幣225元），但是有二點請特別注意。第一，蜂蜜膠水不是真的膠水，請不要拿來黏東西，更請千萬不要拿來黏東西後拿給老闆。

第二，拿來製作蜂蜜膠水的瓶子，雖然是真的裝膠水用的瓶子，但是在裝填蜂蜜之前，都經過食品加工等級的清潔程序，因此廠商請大家千萬不要拿市售的膠水瓶子來直接裝蜂蜜。

圖片來源：https://reurl.cc/X6vpp3

1-3 行銷的標的

Practice and Application of
Marketing Management

　　一般而言，我們對行銷的標的可能僅停留在產品與服務，也就是有形與無形的差異。事實上，若是我們用心看、用心聆聽，我們可以發現行銷的範疇與標的已多達數十種，更值得思考的是趨勢可以創造許多的行銷標的，例如在SARS衝擊之後，百貨業提供化妝品服務到家，年菜預購活動等，甚至航空業的貼心上網服務，以及網路拍賣的服務，創造顧客之後的交易。綜合現今諸多行銷活動所產生的行銷標的，包括如下：1.商品(goods)、2.服務(service)、3.經驗(experience)、4.事件(event)、5.人物(person)、6.地方(place)、7.所有權(property)、8.組織機構(organization)、9.資訊(information)、10.理念(idea)[4]。

4　菲力普・科特勒，方世榮譯，《行銷管理學》，11版。東華，P.6。

1. **商品(goods)**：舉凡食、衣、住、行各項行業，所生產的實體物品皆可做為商品，例如：茶飲、漢堡、電腦、手機等。

2. **服務(service)**：包括飯店、百貨業、金融業等，現在無不提供貼心的服務，不只有形的服務還有視覺空間的享受，例如：過去衣蝶的洗手間就能使女性消費者有被呵護的感覺。

3. **經驗(experience)**：許多人皆有童年，因此如迪士尼樂園正是令顧客回憶並重溫「愉快的童年」經驗。

4. **事件(event)**：能運用事件作為行銷的誘因，例如：在一些運動會、藝術季、特殊民俗、行銷活動。

5. **人物(person)**：運用知名度頗高的人士作為代言，例如：SHE替7-ELEVEN代言速食麵，五月天為全家便利商店代言，吸引年輕族群。

6. **地方(place)**：結合主題行銷，以創造顧客需求與新鮮的體驗，例如：東港黑鮪魚季、宜蘭冬山河、烏來湯花戀。

廣告金句Slogan
世事難料，對人要更好。（安泰人壽）

7. **所有權(property)**：例如：房屋仲介公司積極促成所有權者或尋求所有權者。

8. **組織機構(organization)**：許多企業會與藝術、博物館、公益機構合作，積極提升企業公益形象。

9. **資訊(information)**：在網路世界中，經常發現具主題的網站提供想要獲得資訊的消費者一些建議，例如：旅遊網站、美食網站。

10. **理念(idea)**：許多企業藉由傳遞理念，進一步銷售相關產品。例如：聯邦快遞所傳達的「使命必達」，藉以表明服務至誠的信念。

 產品會客室

誠品生活新門市

　　誠品生活於嘉義市立美術館設立門市，以「藝術與閱讀的美好邂逅」為定位，將文學與藝術相結合，提供設計及生活風格選書及精選多款繪畫書寫文具選品，並規劃許多與藝術相關的活動，呈現嘉義市立美術館的閱讀風景。

圖片來源：https://meet.eslite.com/tw/tc/store/202101290001

➕ 看他們在行銷

新世代吸貓？還是吸狗？

寵物經濟在近幾年瞬間爆發，以超乎想像的速度持續增長，寵物用品也走向精緻化。

👤 焦點行銷話題

快速與彈性的搶鮮經營 ZARA：成衣產業新標竿

文／薛碧玲，能力雜誌，615期，5月號，P.96~101

創立於1963年的Inditex集團，是西班牙排名第一、全球排名第三的服裝零售商，市值超過80億美元的集團，旗下擁有ZARA、Pull and Bear、Massimo Dutti、Bershka、Stradivarius、Oysho、ZARA Home和Kiddy's Class九個服裝零售品牌，其中ZARA品牌銷售額占總集團營收的一半以上。

ZARA既是服裝品牌，也是專營該品牌的服裝連鎖店，目前版圖遍布全球64國，共有3千多家店，每天以1.5家的展店速度，持續在世界各地擴展中。

ZARA被稱為時裝行業中的戴爾電腦；哈佛商學院認為ZARA是歐洲最具研究價值的品牌；沃頓商業院、西班牙IESE商學院等全球知名的商學院也都視ZARA為研究未來製造業的標竿。

ZARA獨特經營模式，主要包括三個關鍵因素：一、高效率的設計開發團隊，縮短產品開發與上市流程；二、垂直整合製造能力，掌握快速、少量、多款三元素；三、永遠保持新鮮感和時尚感的銷售策略。

高效率的設計開發團隊

設計團隊會共同探討未來流行的服裝款式、使用的布料、預定成本及售價等問題，快速形成共識。之後，由設計師依據共識快速繪出服裝樣式，提供詳細尺寸和技術規格。由於布料和服裝飾品在倉庫中都是現成的，可以有效縮短樣品製成時間，加上整個團隊都在同一個地方辦公，討論、審核、批准的決策流程都能快速做到。

永保新鮮感和時尚感

ZARA強調多樣性款式，每年生產的服裝款式超過1萬2千種，傳統的服裝零售商由於生產週期長而無法根據季節變化更改設計或增加新款式，ZARA顧客每年平均上門17次，是一般零售服飾店的5倍。

Best Global Brands

Best Global Brands 2023 Rankings

2023 Rank		Brand	Change in Brand Value	Brand Value
1	Apple	Apple	+4%	502,680$m
2	Microsoft	Microsoft	+14%	316,659$m
3	amazon	Amazon	+1%	276,929$m
4	Google	Google	+3%	260,260$m
5	SAMSUNG	Samsung	+4%	91,407$m
6	TOYOTA	Toyota	+8%	64,504$m
7	Mercedes-Benz	Mercedes-Benz	+9%	61,414$m
8	Coca-Cola	CoCaCola	+1%	58,046$m
9	Nike	Nike	+7%	53,773$m
10	BMW	BMW	+10%	51,157$m
11	McDonald's	McDonald's	+5%	50,999$m
12	TESLA	TESLA	+4%	49,937$m

2023 Rank		Brand	Change in Brand Value	Brand Value
13	Disney college program	Disney	-4%	48,258$m
14	LV LOUIS VUITTON	Louis Vuitton	+5%	46,543$m
15	CISCO	Cisco	+5%	43,345$m
16	Instagram	Instagram	+8%	39,342$m
17	Adobe	Adobe	+14%	34,991$m
18	IBM	IBM	+2%	34,921$m
19	ORACLE Certified Associate	Oracle	NEW	34,622$m
20	SAP	SAP	+5%	33,078$m
21	f	Facebook	-8%	31,625$m
22	CHANEL	CHANEL	+6%	31,007$m
23	HERMÈS PARIS	Hermès	+10%	30,190$m
24	intel	Intel	-14%	28,298$m
25	YouTube	YouTube	+7%	26,039$m
26	J.P.Morgan	J.P. Morgan	+6%	25,876$m

2023 Rank		Brand	Change in Brand Value	Brand Value
27	HONDA The Power of Dreams	Honda	+7%	24,412$m
28	AMERICAN EXPRESS	American Express	+9%	24,093$m
29	IKEA	IKEA	+5%	22,942$m
30	accenture	Accenture	+4%	21,320$m
31	Allianz ⑪	Allianz	+12%	20,850$m
32	HYUNDAI	Hyundai	+18%	20,412$m
33	UPS	UPS	-4%	20,374$m
34	GUCCI	Gucci	-2%	19,969$m
35	pepsi.	Pepsi	+1%	19,767$m
36	SONY	Sony	+12%	19,065$m
37	VISA	Visa	+8%	18,611$m
38	salesforce	Salesforce	+6%	18,317$m
39	NETFLIX	Netflix	+9%	17,916$m
40	PayPal	PayPal	+4%	17,794$m

2023 Rank		Brand	Change in Brand Value	Brand Value
41	MasterCard	Mastercard	+6%	17,133$m
42	adidas	Adidas	+4%	16,568$m
43	ZARA	Zara	+10%	16,502$m
44	AXA	AXA	+4%	16,401$m
45	Audi	Audi	+9%	16,352$m
46	airbnb	Airbnb	+22%	16,344$m
47	PORSCHE	Porsche	+20%	16,215$m
48	STARBUCKS COFFEE	Starbucks	+10%	15,409$m
49	ORACLE Certified Associate	GE	+7%	15,303$m
50	VW	Volkswagen	+2%	15,140$m
51	Ford	Ford	+3%	14,867$m
52	NESCAFÉ	Nescafé	-2%	14,818$m
53	SIEMENS	Siemens	+9%	14,588$m
54	Goldman Sachs	Goldman Sachs	-2%	14,215$m

2023 Rank		Brand	Change in Brand Value	Brand Value
55	Pampers.	Pampers	-0%	13,771$m
56	H&M	H&M	+13%	10,514$m
57	L'ORÉAL	L'Oréal Paris	+6%	13,638$m
58	citi	Citi	+5%	13,624$m
59	LEGO	LEGO	+10%	13,069$m
60	Red Bull	Red Bull	+12%	12,986$m
61	Budweiser	Budweiser	-16%	12,984$m
62	ebay	eBay	-0%	12,745$m
63	NISSAN	Nissan	+4%	12,676$m
64	hp	HP	-0%	11,841$m
65	HSBC	HSBC	+4%	11,734$m
66	Morgan Stanley	Morgan Stanley	+3%	11,372$m
67	Nestlé	Nestlé	+4%	11,369$m
68	PHILIPS	Philips	-12%	11,208$m
69	Spotify	Spotify	+8%	11,114$m

2023 Rank		Brand	Change in Brand Value	Brand Value
70	Ferrari	Ferrari	+16%	10,830$m
71	Nintendo	Nintendo	-2%	10,498$m
72	Gillette	Gillette	+2%	10,444$m
73	Morgan Stanley	Colgate	+3%	10,433$m
74	PHILIPS	Cartier	+4%	9,868$m
75	3M	3M	-7%	9,791$m
76	Dior	Dior	+8%	9,665$m
77	Santander	Santander	+7%	9,609$m
78	DANONE	Danone	-4%	9,152$m
79	Kellogg's	Kellogg's	+1%	8,861$m
80	LinkedIn	LinkedIn	+13%	8,595$m
81	Corona	Corona	+4%	8,082$m
82	FedEx	FedEx	-1%	8,067$m
83	CATERPILLAR	Caterpillar	+9%	8,065$m
84	DHL	DHL	+3%	7,706$m
85	Jack Daniel's	Jack Daniel's	+6%	7,595$m

2023 Rank		Brand	Change in Brand Value	Brand Value
86	PRADA MILANO	Prada	+12%	7,321$m
87	XIAOMI	Xiaomi	-1%	7,266$m
88	KIA	Kia	+7%	7,059$m
89	TIFFANY & CO.	Tiffany & Co.	+7%	7,031$m
90	Panasonic	Panasonic	+6%	6,699$m
91	Hewlett Packard Enterprise	Hewlett Packard Enterprise	+2%	6,642$m
92	HUAWEI	Huawei	-2%	6,512$m
93	Hennessy	Hennessy	+6%	6,447$m
94	BURBERRY	Burberry	+9%	6,445$m
95	KFC	KFC	+5%	6,392$m
96	Johnson & Johnson	Johnson & Johnson	+4%	6,387$m
97	SEPHORA	Sephora	+15%	6,329$m
98	NESPRESSO.	Nespresso	NEW	6,168$m
99	★ Heineken	Heineken	+1%	6,062$m
100	Budweiser	Canon	+3%	6,032$m

資料來源：Interbrand

1-4 行銷的核心觀念

當我們了解行銷的意義後，尚有幾個重要的核心觀念是學習行銷必須要清楚認識的，大致包括以下：

1. **需要**(needs)：人類基本所需包括空氣、水、陽光以及食、衣、住、行，除此之外，人們尚有教育、休閒、娛樂等不同需求，大家耳熟能詳的是馬斯洛(Maslow)需求層級理論，包括生理需要、安全需要、社會需要及自我實現等。

2. **慾望**(wants)：當人們為滿足需要而進一步追求特定事物時，需要便轉成慾望。

3. **需求**(demands)：指對特定產品的慾望且具有能力購買，例如並非每一個人都有能力購買賓士汽車，而僅有部分顧客有此需求，嚴格說來，是針對特定的慾望，擁有購買意願及能力。

4. **產品**(product)：公司藉由提出一個價值主張(value proposition)來表達消費者對產品的需要，而此一價值主張係提供給顧客的一組利益可滿足其需要。無形的價值主張是藉由提供物(offering)所呈現出來的，而提供物則是產品、服務、資訊及經驗的組合[5]。

5. **品牌**(brand)：指的是一個名稱、術語、標記、符號、設計或者為以上的聯合使用[6]，同時一個品牌可傳送六種層次的意義給購買者：(1)屬性(attributes)，(2)利益(benefits)，(3)價值(values)，(4)文化(culture)，(5)個性(personality)，(6)使用者(user)。

6. **價值**(value)：代表顧客希望獲得的利益與應付出成本的比值，此成本包括貨幣成本、時間成本、心力與體力的成本。

7. **市場區隔**(market segmentation)：當行銷人員進行行銷規劃前，最重要的是確定及掌握購買者的群體，依據購買者人口統計、地理性、心理行為等區隔變數來區分市場，因此行銷是否能成功，取決於確認區隔。

5 菲力普・科特勒，方世榮譯，《行銷管理學》，11版，P.13。

6 菲力普・科特勒，東華，P.500。

7 張國雄，《行銷學》，雙葉，P.5。

8. **交易(transaction)**：代表雙方或者多方的價值買賣，例如：甲方將一部筆記型電腦賣給乙方$15,000，但有時交易並非只在金錢方面，也可能甲方（身為醫生）為乙方看病，乙方是一位律師，乙方以法律諮詢方式交換甲方的醫療費用。

廣告金句Slogan
叫天天不印，
Canon 幫你印！
（臺灣佳能印表機）

9. **交換(exchange)**：主要是行銷的核心觀念，它代表「當事人兩方，不論在有形或無形（產品或勞務）移轉的過程，亦即當事人之一方移轉有形或無形標的物給另一方時，而對方也要移轉等值之標的物」[7]。

➕ 看他們在行銷

　　臺劇在近年來備受注目，無論是市場、資源都有亮眼的成績，一部劇上架前後的行銷宣傳都能有效的創造話題性。

　　《不夠善良的我們》是一部都會愛情劇，講述男女主角們彼此相遇與錯過的愛情，劇中主角們歷經了家庭、職場、生活等種種問題，彼此間建立起聯繫又分離，最後從中學習成長並獲得救贖。

　　與生活貼近的故事劇本，能有效的與觀眾產生共鳴，因此在行銷宣傳上即能創造高度話題性。

圖片來源：https://reurl.cc/rxNoGr

分享你的看法

1. 你認為臺劇能帶來何種商機？
2. 如何運用話題／事件行銷，請舉例說明。

➕ 看他們在行銷

分享你的看法

1. 請上7-ELEVEN最近網站的首頁，並提出網路行銷的構想。

2. 若你是一家貨運公司或快遞公司的企劃，你將會以哪幾個主題作內容？

資料來源：www.7-11.com.tw

資料來源：http://www.fedex.com/tw/

Practice and Application of
Marketing Management

1-5　行銷人員的任務

　　你對行銷人員的第一印象是什麼？是廣告公司的總監還是在咖啡連鎖店提供試飲人員呢？或者是電話中心一方傳來親切、專業的諮詢聲音呢？事實上，他們皆是行銷成功不可或缺的各項資源，在菲力普·科特勒大師首先對行銷人員(marketer)作一定義：「行銷人員積極想從潛在顧客尋求回應（注意、購買、投票、捐獻）者；若雙方當事人都積極地想要銷售某些東西給對方，則雙方都稱為行銷人員[8]。

　　一般人對行銷印象總是充滿趣味及變化，因能吸引消費者的注意，行銷人員必須擁有敏銳力與創造力，它有別於業務人員，行銷人員應擅長發掘機會，開發計畫及整合行銷溝通，聆聽顧客的聲音，為企業把關，注意顧客關係管理，將顧客的意見適時傳達給設計及研發部門。賓州大學華盛頓商學院的阿姆斯壯教授(J. S. Armstrong)列出了行銷人員的技能：「預測、企劃、分析、創造、決策、激勵、溝通及執行的能力」[9]。以上皆是行銷人員所需擁有的行銷能力與任務，同時視公司每位員工都是行銷人員，亦將通路成員視為夥伴。另外，現今的行銷人員尚需明瞭，網路行銷、公關行銷、服務及經驗行銷、客戶關係管理及電話行銷、顧客及夥伴關係管理及品牌資產管理。

8　菲力普·科特勒，方世榮譯，《行銷管理學》。東華，P.13。

9　菲力普·科特勒，張振明譯，《行銷是什麼？》。商周，P.39。

1-6　行銷新趨勢

在網際網路蔚為風氣後，讓買方與賣方皆獲得利益，因資訊的快速與便捷，讓顧客能在網路上比較各種價位，而賣方也能立即對顧客提供各種服務。因此「網路化」帶來「全球化」的結果應運而生，行銷自然必須具有全球的競爭力，而非單純提供單一地區的產品與服務，即便企業只想保持現狀，但一股你不得不改變的無名力量會令企業必須正視考驗，所以現代行銷的新趨勢大致可以分下列幾項發展：

1. 行銷網路化及全球化。

2. 行銷策略必須考量成本降低及拉近與經營客戶關係。

3. 不斷創新的行銷模式。

4. 結合時勢，化危機為轉機（如：狂牛症後的行銷轉變）。

5. 重視消費者感受，與顧客對話。

6. 從「製造後直接銷售」的行銷方式，轉變為「感受後反應」的行銷方式[10]。

7. 重視「品牌」遠勝資產。

8. 由原在市場運作轉為於虛擬世界運作。

9. 多元化通路行銷。

10 菲力普・科特勒，張振明譯，《行銷是什麼？》。商周，P.47。

焦點行銷話題

調整定位的品牌－阿瘦脫土味 So beautiful

Brain, No.371, P.62~63

擺脫土味擁抱時尚

　　過去，提到阿瘦皮鞋，總讓人感覺男鞋居多，而品名十分具有俗味跟土味，可是對於第二代經營者、現任總經理羅榮岳來說，五十年來的老招牌，拋棄相當可惜，但是這樣的老招牌，卻和現在的年輕消費者格格不入。

　　阿瘦皮鞋在2003、2004年著手更改了CIS企業形象識別系統，以英文的「A.S.O」取代中文，還設計「You are so Beautiful」的廣告句子，及阿瘦皮鞋的廣告代理商已從智威湯遜換成臺灣電通，「You A.S.O Beautiful」的廣告歌曲依然保留至今。

　　阿瘦皮鞋深知臺灣鞋品市場已經進入「品牌」時代，唯有創造與加值品牌價值，才能獲得廣大消費者青睞。

廣告讓品牌好感度提升

　　由於A.S.O阿瘦皮鞋顧客分布的範圍極廣，所以在傳播工具運用上，仍以大眾媒體為主，幾乎80％的行銷預算都投注在電視廣告上，而其餘的20％則分散在雜誌、報紙和廣播，雜誌廣告著重和消費者深度的溝通，廣播則是深耕中南部客群。

　　除了媒體的投資之外，A.S.O阿瘦皮鞋最大的利器就是全國超過150家的店面，和訓練有素、服務親切的人員。羅榮岳強調，廣告的目的無非是希望消費者願意走進店面。他自豪地表示，只要消費者走進店面，服務人員就有辦法讓他們對品牌產生好感，甚至產生購買意願。

　　店頭的活動和陳列也是A.S.O阿瘦皮鞋很重要的傳播溝通工具，不管是2004年百店慶，推出第二雙100元活動、2005年9月千萬隻鞋慶－第二雙99元，均締造了可觀的營業額。

👤 焦點行銷話題

資生堂 ×Line

文／楊子毅 Brain, 2023.06, p48-52

如何創造精準集客與服務

　　資生堂美妝集團運用Line Beacon觸及潛在流動客，更運用Line官方帳號打造一對一精準服務，同時亦為了解決行銷上自來客與流動客的問題，在全臺灣各百貨專櫃設置130個Line。

　　Beacon讓經過櫃位的百貨顧客可以接收到試用包兌換訊息或折價券，同時可以購買專屬（Line Beacon接觸之顧客）的產品組合。品牌藉由Line Beacon有機會接觸到新客戶，後續當消費者藉由官方帳號與品牌有互動時，就能讓公司作為下一檔的溝通參考，另外，資生堂美妝集團與Line經由資料庫發現到旗下品牌IPSA客群，具備了文青特質，對咖啡有所喜好，所以透過Line引薦，亦與黑沃咖啡做聯名活動，兩家品牌皆透過Line Beacon向消費者推播彼此的產品資訊，也沒有涉及個資交換。

　　資生堂美妝集團除了上面改變，還着手將預購活動延伸至Line官方帳號內，可以讓顧客一覽本次所有特價產品組合，還可直接加入購物車，將訂單轉接至實體櫃上店員，並且選擇自行取貨或寄送，今年因為如此規劃，預購業績比去年同期成長234％。

　　以往美妝顧客都是相信店員推薦，但新一代的年輕族群不喜歡被推銷，同時喜歡先在網站查詢資料與評價，因此行銷就需先將產品放在他們的眼前提供參考，所以觸及時機有別於以前。加上Line官方帳號的顧客也可與實體活動的店員進行一對一綁定，讓店員能分析顧客特性以利提供更合適的產品與服務。

產品會客室

1. 國際精品渲染整個國際線，拿的不是包包，而是品牌經典。

2. 經典鞋款－阿甘鞋

   至今風靡整個世代，腳踩阿甘精神，NIKE成功塑造品牌魅力。

本章問題

1. 行銷的定義為何？你可否用一句話來表達？

2. 行銷與銷售之差別？

3. 請寫出行銷的標的，並舉實例說明。

我的IG企劃

請運用你的想像力,將下列的 IG 中空白處填滿,配合自己拍攝的照片與文字,企劃屬於你自己的主題。

行銷隨堂筆記 ⊕

請你上網找最新的或最喜歡的官網、臉書專頁、產品照,剪貼下來並分享喜歡的理由。

你
の
浮
貼

★官網Sample

我喜歡

理由

▲資料來源:

你の浮貼

我喜歡

理由

★產品Sample

▲資料來源:

★小編文案Sample

星巴克咖啡同好會 (Starbucks Coffee) ✔
5月20日 · 🌐

SUMMER PARADISE
通往夏日浪漫仙境
回答問題，蓋上印後，立即出發！

📢一起完成數位體驗遊戲🎮
2024.5.22(三)-6.8(六) 獲得限定的專屬優惠
夏日數位體驗這裡去 → https://reurl.cc/Gjp2nZ
⚫5/20(一)、5/21(二) 預領券，兌換期間為獲券日2天
後，最後兌換至6/12(三)

SUMMER
PARADISE

👍 1,146   18則留言 253次分享

👍 讚   💬 留言   😊 發送   ↪ 分享

你の浮貼

資料來源：星巴克臉書專頁

我喜歡
....
....
....

文案練習
....
....
....

理由
....
....
....

....
....
....

▲ 資料來源：   🔍

Name _____ Date _____ 評分 _____

行銷環境 02

- 行銷的總體環境
- 明瞭行銷的個體環境
- 探討環境對行銷的影響與結果

質感禮物與創意設計品的購物平臺，禮物包裝卡片提袋一站完成！停工給線上客戶優質獨樹一格的訂製服務。

資料來源：https://www.giftu.com.tw/

「有一件事是確定的——市場變化的速度比行銷變化的速度更快。」

菲力普‧科特勒，張振明譯，《行銷是什麼？》。商周，P.127。

2-1 前言

還記得這近年來不管天災、人禍接連而來，股市、匯市甚至失業率的再創新高，許多臺商在大陸、臺灣兩地奔波，面對這些改變，我們不得不學習掌握環境的脈動，做出企業必要的應對做法，例如：前一段時間，在美國流行狂牛症，吉野家向來主打牛肉飯食的策略必須一百八十度扭轉，現在我們可以看到吉野家改以豬肉為主要食材，才能繼續提供顧客產品與服務。另外，由於網路的便捷，許多顧客習慣於網路消費各種產品或服務，當然我們必須顧及安全性及隱密性。因此，許多企業為服務顧客，不得不「e化」，網路行銷便是每個企業必須開始著手建立自己的行銷網，不管是結合金流或物流，在在皆是環境的影響力所趨。本章的目的，主要介紹環境如何影響企業及企業的行銷活動。

我們一定有這樣的經驗，就是不論你要去一個陌生的地方，或者新公司，我們都想先做功課。了解路線、方向，或公司的簡介與現況，才能安心前往。因為深怕有「突發」現況是自己不能掌握的，在你的記憶裡，「行銷環境」這四個字給你的印象是什麼？我們可能會因最近盛產某種水果而盡情購買；也可能因為聽到新聞媒體報導病死豬肉的事件，而不敢至市場購買豬肉，甚至不上館子用餐，深怕吃到不好的食物；也可能因新法令上路，開車時特別留意；或者擔心因水災而買到泡水車。以上種種「環境」皆能左右你我的購買意願，到底在行銷這個領域中，有哪些環境因素是經理人必須權衡與了解的呢？一般可分為：行銷的總體環境、行銷的個性環境，以及網路世界所帶來的影響。另外，面對許許多多的考驗與威脅，企業必須有一套因應環境的策略，同時企業經營者也需擬定一套屬於自己的目標與策略，隨時隨地與環境作調整，才能化危機為轉機。尤其近來災難所造成的各種後遺症，雖令部分廠家獲災難財，但是幾家歡樂幾家愁，面對大環境的改變，是一個成熟企業應具備的能力與智慧，它不僅檢視企業整體的體質，同時也造就許多企業英雄，寫下一頁一頁光榮扉頁。

廣告金句Slogan
天天超值選，
餐餐都正點！
（麥當勞）

行銷企劃內心話

「有時候想到一個好點子，有意發揮成行銷活動，卻因某些人的主觀意見，打斷了創新的衝勁！因此親愛的行銷人，為自己增加一些溝通的能力吧！良好和諧的關係，才能有助於企劃的執行！」

～行銷新鮮人

➤ 行銷部門的一天

大多數的顧客到了賣場都會留意今日特價商品，可是促銷傳單密密麻麻，如何突顯自己公司的「誠意」，請想一想賣場尚有哪些地方可以呈現促銷（除了折扣卡、吊牌、懸吊式海報）外，用點創意、你可以想得到！以下是一張平面圖，你可以勾勒自己的想法。

2-2 行銷的總體環境

Practice and Application of
Marketing Management

企業經營成功與否，除企業本身所有的策略正確外，有一項環節，是企業能否通過考驗的關鍵。這個環節便是行銷環境。首先我們先來看總體環境，其主要成員包括下列：人口環境、經濟環境、自然環境、科技環境、社會文化環境、政治法律環境。

一、人口環境

由於市場主要由人所組成的，因此企業必須重視人口環境的變化，透過這種變化來做適度的調整。人口包括數量、密度、性別、年齡、種族、職業，以及其他的統計數字。

1. 人口年齡結構

現在人口年齡結構存在著一些現象，例如出生率降低、高齡化社會等，就如同我們臺灣生產率一直呈現下降，行政院也不斷呼籲並鼓勵生育。政府考量對第三個及以上的幼兒，優先能就讀公立幼稚園，同時家長也可優先擁有租購國宅與高免稅額的優惠[1]。

到底這些人口年齡結構如何影響行銷呢？例如：人口趨於老化現象，行銷的市場可以以銀髮族展開。同時，以人口的年齡層可分別歸納為六群：(1)學齡前；(2)學齡兒童；(3)青少年；(4)青年；(5)25~40歲的成年人、40~65歲的中年人；(6)65歲以上的老年人[2]。當行銷人員在選擇目標市場時，就可因應這六種人口年齡層之區別，投入適切的行銷活動。

其實人口老化從另一角度思考，就是商機的開始。例如理財商品結合年金、長青學院、養生事業等。

2. 教育程度方面

現今許多在職人士皆重返校園，只因臺灣每年的大學畢業生比率越來越高，在任何社會中，可區分為五種教育程度：(1)不識字；(2)高中肄業；(3)高中畢業；(4)大學；(5)專業程度。目前許多企業也要求員工取得證照，因此行銷行人員可因應教育程度企劃出最佳的行銷組合。

二、經濟環境

近年來，全球經濟普遍蕭條，尤其在金融大海嘯後，美國經濟大受影響。由於全球經濟受美國很大的影響，例如投信的基金績效可能受到影響、銷售人員不斷受到基金下跌的壓力，行銷人員如何扭轉劣勢，該用何種行銷策略應付？此時，你必須體認到當經濟蕭條時，「所得」也會連帶受影響。所以，經濟環境首先應考慮國民所得；另外，也能注意到生活支出、科率、儲蓄及貸款型態等變數。

1 周慧如、唐玉麟、高有智，〈人口老化嚴重〉，經建會研訂對策。中國時報，2002.06.02。

2 菲力普・科特勒，《行銷管理學》，11版。東華，P.196。

1. 國民所得的變動。

2. 消費支出的變動。

3. 經濟指標的變化，例如：物價水準、景氣循環。

三、自然環境

　　從921地震到南亞海嘯，甚至2011年發生在日本的311大地震災害，不斷的影響一個地區乃至國家經濟之正常運作。大自然的改變經常讓人措手不及，行銷與自然環境的關連性多高？其實我們從以上的例子不難發覺，在資源有限的條件下，行銷人員必須明瞭自然環境所帶來的威脅與機會。就如大家口中常說的災難財，它並不是行銷人員所應著重的項目，而是體認自然環境趨勢並且進一步獲得行銷的契機。例如：

1. 原料的短缺。

2. 能源成本的增加。

3. 反汙染的壓力。

4. 政府扮演改變的角色。

四、科技環境

　　「科技」是現在企業應具備的基本能力，尤其前一陣子日本的愛知博覽會吸引了成千上萬的人潮，帶動了日本的經濟。從液晶電腦、行動電話到輕薄短小的ipod，在在說明科技正是影響行銷發展的重要一環。因此行銷人員必須密切了解以下各項趨勢發展，以利行銷策略的擬定與執行：

1. 科技改變的步調加速。

2. 無可限量的創新機會。

3. 差異頗大的研究發展預算。

4. 增加科技變動的管制。

廣告金句Slogan
知識使你更有魅力。
（中國時報）

此外，包括社會文化環境（例如：文化價值、次文化、生活品質水準、企業倫理與社會責任等），無不影響著行銷方向的決策，而在政治法律環境上，更容易在短時間內造成企業的危機，尤其兩岸問題的模糊，常讓企業難以有開創性的發展。

👤 焦點行銷話題

康寶「小選擇，大改變」吃得方便、美味又健康

文／陳羿郿 Brain. NO.531 2020.07

聯合利華旗下的康寶品牌所開發的系列產品，從大家耳熟能詳的濃湯、湯塊、獨享杯，還有調味品鮮味炒手、鮮雞晶等，以及2019年推出的自然鮮，就是希望能減少大家在烹飪上的麻煩，吃得美味、健康又方便。

來自德國的康寶，很懂臺灣人的心和胃

要達成Feel good 、Taste good和Force for good三點目標，背後要花費的功夫必定不少，加上現在食品市場競爭激烈，要讓消費者從貨架上取下自家的商品，甚至進一步產生品牌忠誠，願意一再回購，是每個品牌都在思索的問題。到底該如何打中消費者的心？

開發輕鬆上手的食譜，用康寶產品變換多種料理

「方便、好上手」既然是康寶產品的特點之一，教導消費者如何使用自家產品也就成了品牌必做的功課。因此，康寶在線上和實體通路，都提供了食譜，告訴消費者使用康寶的產品，可以做出哪些色香味俱全的佳餚。

照顧消費者健康，也愛護地球環境

遵循著標語「Good For You, Good For Planet」，康寶照顧到消費者需求之餘，同時也照顧到環境。有良好的環境生態，所產製出的食品也才能讓人吃得安心。

提高社群行銷比重，用 LINE 經營內容

為了配合多數人的媒體使用習慣，康寶運用LINE官方帳號以外，YouTube、Facebook等社群平臺都是行銷的管道之一。劉秀雯說，目前康寶在電視和數位廣

告的投放預算比例是各半,而每一年數位行銷的比重有不斷提高,也是因消費者對數位依賴越深的緣故。

康寶持續致力和消費者溝通,促成人和自然的正向循環

今年3月,康寶推出三支「小選擇,大改變」品牌形象廣告。談到廣告想傳達的意念,鄧鈞璟說:「我們想告訴消費者,他們的每個選擇,對環境有多麼重要。」

愛護這個地球,你我有責,康質決定帶頭,從品牌自身做起,每年都撥出一定的預算與消費者溝通,鼓勵大家選擇對環境友善的食物。

 產品會客室

路易莎成功塑造人文之空間,來杯咖啡搭配輕食,花小錢買人文氛圍。

圖片來源:http://www.citylink.tw/neihu/?p=5567

2-3　行銷的個體環境

Practice and Application of
Marketing Management

行銷活動能否成功，端看存在於公司個體環境中的一些成員。例如：公司的各個部門、供應商、顧客、競爭者、行銷中間商以及社會大眾，以上這些角色們正扮演著傳遞公司價值的重要功臣，本節將逐一介紹這些成員。

1. 公司本身

行銷的企劃必須是整體性及全面性，不管從產品策略到促銷活動，每一個環節都是成功或失敗的關鍵。因此，行銷人員必須邀集公司相關部門共同參與，包括從高階主管到第一線人員，或者從生產部到業務部（產、銷、人、發、財等）各部門，皆是行銷人員面對的工作。

2. 供應商

談到供應商，多數人都以為行銷活動與供應商並沒有直接關係，但這個觀念並非正確，因「供應商」是公司的「顧客價值傳遞」的重要環節。當供應商無法正常提供公司所需要的資源，將會嚴重影響公司的正常運作。因此，供應商的能力—供應延遲或短缺、或供應商發生罷工等事件，都將造成公司極大的威脅，不僅公司受損，連同顧客的經營亦遭受負面的影響。

3. 顧客

近幾年來，我們開始注重顧客關係管理，尤其在網路上經常看見社群這股不容忽視的力量，每一個意見都可以主導一家商品行銷的命運，但在行銷個體環境，我們主要強調的顧客包括五種型態：

(1) 消費者市場：以個人消費為目的，而購買商品或服務的個體或家計單位。

廣告金句Slogan
整個城市就是我的咖啡館！
（CITY CAFÉ）

(2) 企業市場：為了製程之所需而購買產品或服務。

(3) 轉售商市場：轉售其採購之產品或服務以獲取利潤。

(4) 政府市場：由以採購為目的，並提供公共服務的政府機關所組成。

(5) 國際市場：由其他國家的購買者所組成。

4. 競爭者

在策略規劃程序中，我們常會做一項SWOT分析，在分析的同時，我們自然會與競爭者做比較，因此，平日行銷人員就應密切注意競爭者的現況再做進一步策略研究。

5. 行銷中間商

談到行銷中間商(marketing intermediaries)，代表協助公司販售、促銷，並配銷產品到最終購買者的廠商，其成員分別包括轉售商、實體配銷商、行銷服務代理商及財務中間商。

6. 公眾

一般我們提到公眾(public)時，其中應以七種類型來談，因不同的公眾可以成為行銷環境的重要環節，他們對於達成組織目標，有其實際及潛在影響力，同時有時會衝擊相關團體，以下分別介紹每個團體的意義：

(1) 財務公眾：擁有能影響公司取得資金的能力，例如：銀行、投資公司或股東。

(2) 媒體公眾：包括報紙雜誌或電視等。

(3) 政府公眾：政府的發展現況皆會影響到行銷的結果，例如：產品安全、消費者權益、廣告的誠信等相關議題。

(4) 公民行動團體：往往公司的行銷決策會受到消費者組織、環保團體及一些少數團體等的質疑，因此公司的公關部門，正是協助公司在消費者與公民團體之間密切的聯繫。

(5) 地方公眾：指的是鄰近居民與社區組織，一般而言，企業會派遣一位社區關係人員，協助處理相關事務、解答各項問題及贊助一些公益活動。

(6) 一般公眾：通常一般公眾皆會觀察公司的動態，藉此作為購買公司產品的參考，可見一般公眾的反應，正透露消費者心理與行為。

(7) 內部公眾：我們常輕忽公司內部的員工、管理者、股東以及董事會，皆會影響外界對此公司的評價。

就以上七項團體，身為優秀的行銷人員，應化被動為主動，在擬定每一項行銷活動時，都應考慮每個團體在計畫中的重要性，才能事半功倍。

➕ 看他們在行銷

台灣賓士

台灣賓士官網提供「訂製夢想車」的服務，讓顧客能在車款、裝備，各項動能與顏色上選出自己的最愛！您可現在上網即刻體驗。

資料來源：http://www.mercedes-benz.com.tw/content/taiwan/mpc/mpc_taiwan_website/twng/home_mpc/passengercars.html

資料來源：www.tkec.com.tw

分享你的看法

1. 「汽車」一直給人的感覺不如消費品較易賦予創意與彈性，你認為賓士在市場能如何定位？

2. 請你再發揮想像力，為賓士企劃另一條產品線。

3. 請上網搜尋家電用品的網站，探討家電商品在網路行銷的難處。

4. 請提出燦坤網站的建議。

♥ 產品會客室

餐桌上的美味只需靠著一臺手機，一指到家享受美食。

焦點行銷話題

屈臣氏－品牌軍團，市場包圍戰

文／黃文奇 Brain, No.418

為了和一般藥妝通路做出區隔，屈臣氏不但在臺灣建立亞洲第一個「消費者創研中心」，也在臺灣發展自創品牌、自有商品及獨賣商品。不論是哪一個領域，都把觸角伸入了消費者的內心，挖掘最具個人化的洞察，來搶攻消費者荷包。

從消費者創研中心的資訊中，屈臣氏便可以判斷出，臺灣哪種商品最受消費者青睞、最具有市場潛力，以決定開發某些商品，並依商品類找出市場「標竿品牌」。接著尋找關鍵目標群召開消費者座談會，傾聽消費者需求。

以開發自創品牌divinia的「潔顏油」為例，屈臣氏針對不同族群，找來最關鍵的消費者，請她們傾訴內心的需求。

以臺灣屈臣氏自創品牌divinia的乳液為例，在商品打樣完成後，以研發人員在每個階段測試打樣產品，至少要花兩小時反覆驗證。

獨賣品牌　配合在地加強洞察

除了自創品牌，在彩妝品上則必須透過獨賣「國際品牌」的附加價值，來贏得消費者的心。

以屈臣氏獨賣彩妝品牌Elite為例，本來是法國知名模特兒經紀公司Elite旗下研發的產品，後來成為「超模指定眼妝品牌」。由於臺灣眼妝多為日、美系品牌，和歐系合作能在品牌氛圍上切入另一群消費者。

屈臣氏自創健康食品品牌「活沛多」，就以「正妹OL一錠美麗，健康袋著走」為號召。

在通路上，屈臣氏還訓練服務人員，針對消費者實際需求推薦商品，譬如吃素的長者，若有骨頭保健上的問題，服務人員就會介紹自創品牌「沛骨力」。所有屈臣氏的人員，也會經過定期的訓練加強各類專業。譬如彩妝的或皮膚保養類別，就安排請牛爾、小凱等達人來做訓練，來深化本身的專業知識。

本章問題

1. 你覺得臺灣現在人口環境影響哪些產業？是危機亦是轉機？

2. 科技環境是如何影響臺灣行銷的改變，請舉一實例來說明。

3. 你認為媒體環境影響行銷的層面有多少，請舉例說明。

4. 現在普遍流行「綠色企業」，請問企業是深受哪些環境影響？

5. 倘若現在有一個外商企業準備來台發展，有哪些是外商必須考量的，請依個體環境與總體環境分別說明。

6. 當你的企業欲西進時，主管要你擬一份行銷環境評估報告，請你提出自己的觀點。

7. 近來常報導食品安全的危機，你認為哪些行業的行銷活動會因此更加活絡？

8. 你認為網路環境中，有哪些因素會影響行銷效益？

靈光一現

我的IG企劃

請運用你的想像力,將下列的 IG 中空白處填滿,配合自己拍攝的照片與文字,企劃屬於你自己的主題。

行銷隨堂筆記 ➕

請你上網找最新的或最喜歡的官網、臉書專頁、產品照，剪貼下來並分享喜歡的理由。

你の浮貼

★官網Sample

我喜歡

理由

▲資料來源：

你の浮貼

我喜歡

理由

★產品Sample

▲資料來源：

★ 小編文案Sample

 星巴克咖啡同好會 (Starbucks Coffee) ✔   • • •
6月18日 · 🌐

大地色系的綠色和米色相互搭配呈現漸層變化
STANLEY 系列帶來自然清新氣息的配色風格

還有以品牌經典的森林綠色推出
豐富多元的杯款，提供不同情境的選擇

📢SHOPPING PARTY🥤預購中
2024.6.21(五) 活動當日，全品項享 85 折優惠 (不包含
飲料、服務性商品、隨行卡及其儲值)，活動詳情請依
星巴克網站公告為準 https://reurl.cc/Ke5NQp
★滿額贈：活動當天單筆折扣後消費滿 500 元，即可
獲得特大杯好友分享優惠券一張。

資料來源：星巴克臉書專頁

你の浮貼

我喜歡
....
....
....

文案練習
....
....
....

理由
....
....
....

....
....
....

▲ 資料來源：　　　　　　　　　　　　　　　🔍

Name ＿＿＿＿＿＿   Date ＿＿＿＿＿＿   評分 ＿＿＿＿＿

行銷與策略規劃 03

- 了解行銷與策略規劃的關連性
- 明白策略規劃的意義與程序
- 了解各層級的策略決策
- SWOT分析
- 介紹競爭類別
- 如何擬定一套行銷計畫

cama café 引領咖啡新浪潮，也是第一件將咖啡製程完全透明開放展示的品牌，而後根據季節性將各元素結合新產品，成功塑造獨一無二的品牌力。

資料來源：https://www.camacafe.com/

「創作策略其中一個最好的方法就是找出目標顧客喜歡什麼，然後多做一點，然後找出他們不喜歡什麼，然後做少一點。」

菲力普‧科特勒，張振明譯，《行銷是什麼？》。商周，P.85。

一直以來，國營事業的經營普遍呈現負成長，但台鹽透過正確的策略規劃，在鄭寶清先生帶領下，由每年3億多的虧損，到現在每年盈餘5億元，年度營收35億，從鄭寶清入主台鹽3年，到底做了什麼，才有如此亮眼的成績？首先他改變了原台鹽複合式多角化的策略，調整為聚焦式經營；同時在企業內推動共賞共罰的方式，將組織與人力資源做全面性體檢；又以事業部組織型態，促使各事業群體自負盈虧。中長期方面，逐漸將部分事業體分割為公司組織，總公司則調整成產業控股公司，隨時尋找商機，以上種種，我們可以看見一種改變的力量，並非由單一個人事必躬親，而是一套從上而下完整的規劃，才能使公司的一切步上軌跡。而行銷又為何要了解策略規劃，答案不難從台鹽「綠迷雅」點鹽成金中證明。本章目的將介紹策略規劃的意義與程序，同時將各層級策略制定做詳盡說明；另外，SWOT分析的過程更是企管人不得不具備的本領；最後，透過不同競爭型態的介紹，讓你了解如何在競爭環境中機動調整自己的策略。

「策略規劃(strategic planning)是一套決策管理的程序，藉以發展與維持企業的目標，並促使組織的內、外部資源能做最有效的配置。」一般組織的策略規劃由上而下分三個層次：一、公司層次(corporate level)；二、事業部層次(business-level)；三、功能層次(functional-level)。圖3.1中的組織圖便可清楚看見各層次，假設此A集團旗下設有飯店、旅遊、航空三個事業部，集團的CEO便是屬於公司層次的策略規劃，而三個事業部的主管則負責事業層次的策略規劃，而每一個事業部下面的主管則分別擬定功能層次的策略規劃。

策略規劃為何與行銷管理有關呢？因為嚴格來說，策略規劃除了上述三個層次外（公司層次、事業層次、功能層次），還包括了產品層次，經各個層次各自建立到了最後每一個產品（即產品策略），都紛紛在屬於所屬單位下發展出能符合目標市場的「行銷計畫」。因此策

廣告金句Slogan
以前你偶爾吃，
現在你應該天天吃！
（萬歲牌堅果）

略規劃與行銷計畫絕對必須具一致性。本章除了說明策略規劃的意義
與程序外，也將介紹各層次的決策內容，最後提供行銷計畫的內容。

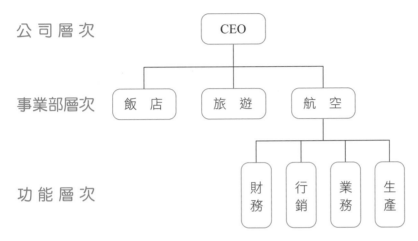

⊃ 圖3.1　A集團策略規劃三個層次

焦點行銷話題

國立故宮博物院

文／呂玉娟，能力雜誌，NO.612，P.40~47

OLD is NEW 時尚故宮整裝出發

　　文化創意產業被公認為是當今最具前瞻性的產業之一，國立故宮博物院，
典藏華夏文物藝術的極致，蘊含無盡的藝術產值，是文化創意產業發展最大的寶
庫。當精緻文化遇上嶄新創意，當古元素有了新風貌，當老故事換了新說法，引
爆的該會是多大的能量？

OLD is NEW 時尚故宮

　　如果您這兩、三年內走訪過國立故宮博物院，一定會有這般的驚歎：「故宮
真的不一樣了！」

　　不再嚴肅，不再古味十足，不再過度強調傳統文化的崇高偉大，年輕人不再
只因學校參觀教學活動才願駐足，也不再是觀光客才有興趣光臨之地。

　　取而代之的明亮開闊、現代感的空間設計、典雅的咖啡廳，以及時刻人潮洶
湧的藝品店。這一切，都得從「OLD is NEW時尚故宮」的整裝出發說起。

改變的火苗，是由現任國立故宮博物院院長林曼麗所點燃。2004年，林曼麗接任副院長一職後，即認為故宮的角色在延續過往於館藏文物的保存、記錄與維護之外，更須進一步進行價值的創造與挖掘。博物館絕非只是典藏與教育功能，事實上，博物館是一種全球性的經濟複合平台，創造有形的文化產值，「要讓國立故宮博物院不只是博物館的品牌，更是生活美學的品牌。」林曼麗如此表示。

故宮思考並改變其經營模式與架構，深思如何讓文物保存維護業務與博物館產業發展兩者相輔相成。思考的面向包括：一、橫越東西：跨越文化差異、展現東方魅力；二、連結新舊：從傳統到創新、老故事新包裝；三、邁向未來：創造獨特價值、開發文化產值。

開創文化產值與經濟效益

為因應時尚故宮的新蛻變，國立故宮博物院出版組近年積極朝著改制為授權營運管理單位方向邁進，以經營品牌的理念，有系統地規劃故宮的品牌內涵及行銷策略，營運項目包括：出版品編印發行、圖像授權使用、品牌異業結盟、藝文衍生商品創新研發設計及國內外行銷通路開拓。

🖥 行銷企劃內心話 --

面對「競爭者的行銷活動不斷出現時，公司業務人員總是在外面看見或聽見競爭者的資訊。不妨將業務同仁視做同一部門，給予他們更多掌聲，同時透過他們了解顧客心聲，才能做好顧客深耕。」

～經常被業務修理的行銷企劃

✎ 行銷部門的一天 --

近年因南亞海嘯的災難導致東南亞旅遊一蹶不振，但峇里島休閒風也令許多臺灣人為之羨慕，可否請你找一家飯店業規劃套裝行程，將峇里島的海風與椰子樹影搬來臺灣，請選擇適當的飯店業者以及企劃套裝行程。

一、飯店：A君悅；B墾丁福華；C涵碧樓；D晶華；E其他。

二、行程：1.全家專案；2.蜜月行程；3.一人行程。

策略規劃的定義與程序

Practice and Application of
Marketing Management

　　「知己知彼，百戰百勝。」當企業希望在市場占有一席之地時，若只靠短期熱銷某項商品滿足一時的市場占有率，分不清企業本身的未來，簡單來說，就是不清楚目標。可能它只有定位在一年內短期的銷售目標而已，這是十分危險的事。當企業在與員工分享願景，履行企業的社會責任時，是否經營者敢面對自己的員工與產品呢？所以，我們必須學習策略規劃，將目標逐一落實。「策略規劃(strategic planning)」是為達成企業目標的一套程序，使組織內、外部資源做最適當的配置，大多數的企業皆由三個層次形成，包括公司層次、事業部層次、功能層次。當公司最高經營者開始擬定策略規劃時，首先必須界定公司使命(mission)，好比是我們未來要成為什麼樣的企業？我們要經營什麼產品或提供何種服務等。通常一企業應該對企業本身的使命有具體陳述，內容可包括公司目標、公司的政策，同時說明企業的經營範圍，最重要還要為公司建立一個公司願景。可別小看公司目標與公司願景，因為留才的關鍵常在於此。策略規劃簡要來說，第一步驟是界定經營使命，接下來第二步驟為外部環境（機會、威脅分析）與內部環境（優點、缺點）分析，但近來菲力普‧科特勒大師在他所著的《行銷是什麼》書中認為應該被稱為TOWS，即依「威脅、機會、劣勢及優勢」的順序，避免過度看重內部因素，第三則是目標(goals)的形成，一般經理人偏好量化表表達目標，但目標最好依層級性逐一建立，必須彼此達成一致性，並能實施目標管理(MBO; Management by Objective)。

　　第四步驟則是形成策略(strategy)的意義，指的是如何達到目標，每一個事業單位有自己的策略，策略大師麥可波特(Michael Porter)提過三項一般性策略，包括成本領導、差異化、集中化三種策略。第五步驟為計畫形成與執行。而最後步驟六是回饋與控制，企業必須隨時檢視成效與修正，才能達到目標，以下是策略規劃的步驟：

廣告金句Slogan

用好心腸，
做好香腸！
（黑橋牌香腸）

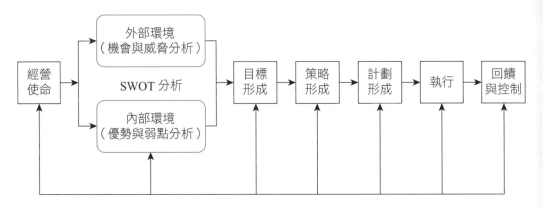

⊃圖3-2　策略規劃的程序

資料來源：菲力普・科特勒，方世榮譯，《行銷管理學》，11版。東華，P.124。

　　談到規劃二字，一般人可能想到的是計畫、規劃，事實上它不是一件容易的事，有人曾經說過這樣的一句話：「如果你沒有計畫，則你就得準備面臨失敗的命運。」對一般小型公司來說，經理人可能認為只在大公司才有必要，事實不然，不管是大公司或小型公司，新成立或穩定成長的企業，正式的規劃才能不斷讓公司立於有利的位置。規劃的優點就是能積極鼓勵公司有系統地思考過去、現在與未來，強迫企業檢視自己的目標與政策是否得宜，並用績效標準來控制各項資源。但光是有規劃能力是不足的，「策略規劃」(strategic planning)管理過程，目的在使公司的目標、能力，在變化的行銷環境中，做策略性的整合。策劃規劃中的策略因子，麥可波特(Michael Porter)有一個獨到的見解，在說明前先定義策略(strategy)二字。所謂策略就是：「如何達成目標」。一般的策略包括行銷策略、經營策略等；另外，行銷大師菲力普・科特勒也詮釋策略，他說「正確的策略方向要比立即的獲利更重要」。在後面我們再介紹麥可波特所談的策略觀點。當我們對策略有了初步的認識，以及了解到圖3.2策略規劃的完整程序後，我們將探討實務上「策略規劃」的做法，如圖3.3。

　　首先，從圖3.3中可看見，公司大多由四個組織結構層次所組成：公司層次、事業部層次、事業單位層次、產品層次。

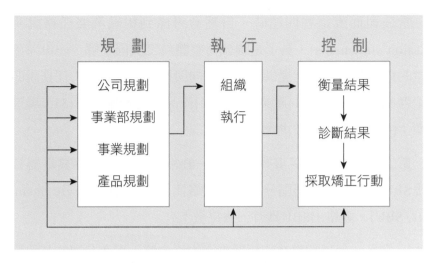

⊃圖3.3　策略規劃、執行與控制程序

資料來源：菲力普‧科特勒，《行銷管理學》，11版。東華，P.111。

　　一般來說，公司的總管理處通常執行以下四項規劃活動：

1. 界定公司經營使命。

2. 建立策略性事業單位。

3. 對每一個策略性事業單位分派資源。

4. 規劃新的事業領域，減縮裁撤老舊的事業。

　　四項規劃中，特別舉出其中一、二作說明。

　　在第一項「界定公司的經營使命」中，管理大師彼得杜拉克曾依此提出幾項經典問題：

1. 我們是什麼樣的事業？

2. 誰是我們的顧客？

3. 我們能對顧客提供什麼樣的價值？

4. 我們的事業將何去何從？

5. 我們的事業將來應變成怎樣？

當公司面臨這些問題時，自然會考慮到組織發展任務說明書(mission statements)，為了是讓公司整體員工共同了解，一份完整且清楚的任務說明書，能提供公司的方向與機會。一份好的任務說明書必須考慮幾個主題：(1)產業範圍；(2)產品與應用範圍；(3)市場區隔範圍；(4)垂直範圍；(5)地理範圍。

第二項：建立策略事業單位－一般常見的方式為奇異電器公司所提SBU，他們將公司區分為49個策略性事業單位(strategic business units, SBU)，並舉出SBU具有三個特徵：

(1) 它是一個單獨事業或相關事業的集合體，可與公司的其他單位分開而獨立規劃與作業。

(2) 它有自己的競爭者。

(3) 它的專責經理負責策略、規劃與利潤績效，且能控制影響利潤的絕大多數經營要素。

另一個為「波士頓顧問群模式」(Boston Consulting Group; BCG)－它為一家著名的管理顧客公司所發展與推廣方法，公司可將所有的策略性事業單位依據成長率－占有率矩陣(growth-share matrix)作分類，請參考圖3.4 BCG市場占有率矩陣。

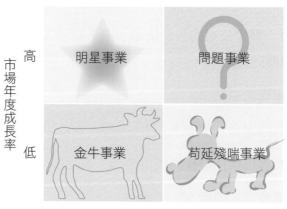

◯ 圖3.4　BCG市場占有率矩陣

　　圖中垂直軸為市場成長率，即銷售產品的市場年度成長率，用以衡量在市場的吸引力；水平軸為相對市場占有率，用以衡量公司在市場上的影響性。根據以上的指標分隔成長率及占有率矩陣，可以得到下列四種類型的SBU：

1. 明星事業

　　具有高度成長率，以及高度占有率的事業單位。此種事業單位初期通常需要大量現金來應付快速的成長。

2. 金牛事業

　　通常是成長率緩慢，但市場占有率較高的事業單位，金牛事業賺取大量的現金可以讓公司支持其他花錢的事業單位活動。

3. 問題事業

　　這是屬於成長率高，占有率低的事業單位，此類事業單位需要大量的資金，管理當局必須考量哪些問題事業應成為明星事業，哪些應加以精簡瘦身。

4. 苟延殘喘事業

　　這是個成長率低、占有率也低的事業單位，它或許可以自給自足，但無法提供大量的現金來源。

靈光
一現

👤 焦點行銷話題

重塑形象

文／蕭妤秦Brain, 2023.10, p62~68

清心福全品牌轉型策略

　　在手搖飲料市場中，品牌的視覺識別度是關鍵，三十年前的設計感與本土風格，讓清心福全確定要微調，開始的第一步就是簡化品牌標識，來加深消費者對品牌的印象，但在品牌轉型的第一步是更換商標，接下來是展開二代店的裝潢，但當時面對許多挑戰，包括加盟主反彈，甚至有消費者以為假的，經公司討論後決定改變策略，先從小區域更新，後續又與大量的IP合作，自2017年開始與日本的蛋黃哥進行聯名合作，後續走出不一樣的路，成為手搖飲料市場聯名的指標，讓消費者獲得選擇與樂趣！

　　另一方面，清心福全也在粉絲專頁配合節日創造消費者連結，除了行銷活動外，公司也積極注意品質把關，也與國健署進行減糖計畫，調整自家產品提供更多低糖無糖選擇，此項改變也贏得消費者認同，同時也降低公司的成本。

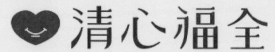

圖片來源：https://reurl.cc/X6vpp3

經典飲料活力滿點，維他命氣泡飲和新世代搏感情

Brain, NO.522, 2019.10

黑松 C&C 靠娛樂感＋揪人遊戲創造行銷新話題

經典飲料黑松旗下品牌眾多，近年陸續推出新產品搶攻年輕族群，品牌年輕化動作頻頻，如黑松沙士帶年輕人出國壯遊、黑松C&C氣泡飲搭上KOL、遊戲等夯元素將品牌印象與好感度向上推升，一網打盡愛喝氣泡飲的年輕族群。

C Your Best！維他命 C+ 活力成品牌亮點！

雖然手搖杯銷售額已超過包裝飲料，包裝飲料整體銷售額並未衰退，品類上以茶及碳酸飲料為大宗。黑松行銷處行銷一部經理劉景森指出，碳酸飲料是黑松的強項，面對眾多競品，後發品牌的區隔性一定要夠，喜歡喝碳酸飲料的消費者要的是刺激、清涼感，各家品牌最大的差異化在風味，「黑松C&C除了清涼刺激外，還添加維他命C，能給消費者一日活力。」至於新品牌如何進入消費者的心中？找對方向與消費者對口，唯有從行銷面著手。

C&C產品差異點是添加維他命C，品牌訴求鎖定「活力」，繼2017年與渡邊直美、2018年與Lia Kim合作後，如何在2019年繼續引爆行銷新話題？行銷團隊找來資深網紅邰智源代言，拍攝娛樂性高、百看不厭的品牌形象廣告，另一方面與擁有百萬粉絲的插畫家Cherng合作網路遊戲「全民活力揪援」，雙管齊下炒出網路話題也拉抬一波品牌聲量！

奇兵式據作打趴其他氣泡飲代言人

2017年首度嘗試找來形象活潑的渡邊直美當品牌代言人，突顯品牌活力，獲得極大迴響，一舉打下品牌知名度；2018年更強調時尚感，找來Lia Kim當代言人，強化品牌年輕力與活力，今年找邰智源當代言人，娛樂元素與活動結合，搭配網路揪人遊戲互為呼應，希望靠代言人的變化找出不同的目標市場，進一步深化C&C品牌與活力的連結。

網路遊戲玩創意梗－ KOL ＋趣味性讓人氣爆棚

至於另一個以KOL LAIMO為主角的網路遊戲，延續邰智源歌舞片「揪出沒活力的人」創意概念，與國際知名插畫家Cherng合力製作出臺灣史上最大共同創作網路遊戲「活力揪援」。這款揪人遊戲由Cherng繪製場景、人物等物件，參與遊戲的消費者在Cherng繪製出的LAIMO大宇宙中揪出沒有活力的人，遊戲最後消費者還可以再做出一個沒有活力的角色，邀請朋友一起來玩。這款創意網路遊戲也的確發揮奇效，總造訪人次超過62萬、主動分享超過2.6萬次！

👤 焦點行銷話題

白蘭氏逆勢成長行銷策略

文／曾書璇 Brain, No.397, P.30~31

在經濟不景氣、消費低迷的市況下，白蘭氏觀察到什麼現象？又是做對了哪些事？

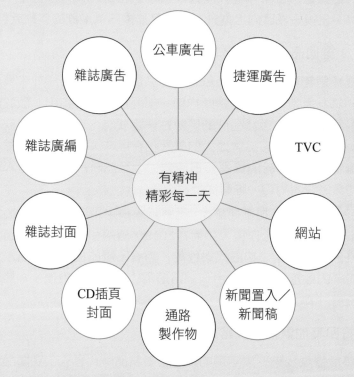

◖ 圖3-5　電視、報紙、雜誌、電梯、戶外、網路、捷運忠孝復興站的大幅廣告、各賣場鋪天蓋地的廣告，要改變消費者對雞精的看法，進而改變消費者的態度

四個面向 360 度鋪天蓋地的溝通策略

1. 改變消費者對雞精的看法→有精神精彩每一天。

2. 改變消費者對雞精的使用方法→早上空腹喝一瓶，吸收最好。

3. 透過王力宏為真實使用者的代言→強化消費者對產品的信任度。

4. 嘗試而改變消費者的態度→雞精的味道不是如消費者想像中的難以接受。

3-3　各層級的策略決策

Practice and Application of
Marketing Management

　　在傳統的企業經營中，員工大都配合主管的要求，而主管亦依循著上面的指示。然而，這樣的相互關係保險嗎？倘若在最高層級制定錯誤的目標或選擇錯誤的方向，那麼公司從上而下不就面臨考驗？或者另一種情況是公司在制定總體目標時，僅在乎銷售數字、市場占有率與績效衡量，這樣容易形成一些部門力不從心的情況。例如行政管理部門，他們或許無法直接提供如業績的漂亮成績，但行政流程的順暢以及人力素質的培養卻能讓業務部門節省成本，而且人才較易發揮所長，因此如何正確建立各層級的策略決策能力，是目前企業所需加強的要務。「團隊」合作是許多企業多年不斷提倡的口號，員工畢竟有各自所屬的部門，而部門的領導者能否做好決策，來配合跨部門間的合作以完成公司總體目標成為至關重要的一環。除此，仍有部門公司的經營者並沒有給予員工清楚的願景及明確的目標，往往造成公司多頭馬車，各自做各自的目標。所以管理大師彼得杜拉克感嘆：「目標管理只有在目標明確的時候有用，但90%的情況下目標並不明確。[1]」

1　菲力普・科特勒，《行銷是什麼？》。商周，P.76。

　　在第二節中我們已介紹公司基本有三個層次形成（公司層次、部門層次、功能層次），之後如何選擇適合的策略決策，更是一項重要的任務。每一個層次的領導者都應對策略有一些基本的認識，才能擬訂一套可達成目標的策略。在本節中，我們介紹的幾項策略決策型態中，尤以行銷策略更是經常需要隨大環境來調整，甚至不同產品所制定的方式也會有所不同。以下為幾項常見的策略：

　　先前我們曾在第二節中提到策略大師麥可・波特的「策略」觀點，在此我們可從幾個方式建議公司在各層級制定策略的參考。

1. 全面成本領導

採取此項策略主要試圖以低成本低價格與競爭者競爭,期望贏得更大的市場占有率。在此項策略中,行銷方面不需特殊的技巧,唯一會面臨的問題是其他公司可能也著重成本降低的策略。

2. 差異化

採用此策略就是集中於某項顧客利益領域中,期望能獲得相當高的績效。例如:公司想追求高品質領導的公司,公司必須採購品質優良的材料,並且能讓消費者得知公司追求品質之意向。

3. 集中化

採用這項策略較專注於一個市場區隔或多個,但較窄的市場區隔,亦促使公司必須設法了解此一市場區隔的主要需求,並進行產量化。除此之外,「策略聯盟」也是選擇之一,常見的策略聯盟主要類型如下:

(1) 產品或服務聯盟

此種方式是一家公司授權另一家公司生產其產品,也可以是二家公司聯合行銷其具有互補性的產品或新產品。

(2) 促銷聯盟

一家公司可能同意為另一家促銷其產品或服務。

(3) 後勤聯盟

一家公司可能提供另一家公司產品的後勤支援服務。

(4) 共同協訂價格

指的是一家或多家公司參與特別的共同價格協定。

廣告金句Slogan

只有遠傳,沒有距離。
(遠傳電信)

焦點行銷話題

王品集團

文／呂玉娟，能力雜誌，No.617, P.38~43

我愛我的龜毛家族

顧客光臨或離開時，不能讓客人的手碰到門把。

客人入座1分鐘內，送上冰水，躬身15度，手持玻璃杯肚下方杯腳處，將冰開水送至餐刀右上方，距牛排刀3公分處。

1分鐘內要送上菜單，點餐後3分鐘就要送上熱麵包。

客人水杯的水少於一半時，1分鐘內要加水。

一道「季節刺身」的懷石料理，為讓生魚片的擺盤能呈現出飛揚在空中的感覺，主廚修改了80次。

生菜沙拉每根蔬菜的長度17公分，長寬各1公分，誤差只能0.1公分。

「龜毛家族條款」中洋洋灑灑羅列了二、三十條的規定。

龜毛，是王品集團的特色，也是根本。一如王品集團董事長戴勝益所言，「管理為善的循環或惡的循環，全憑管理每一環節的環環相扣。」

成立於1990年的王品集團，十多年來的耕耘，發展出台塑王品牛排、西堤牛排、陶板屋、原燒、聚北海道昆布鍋、ikki創意懷石料理、夏慕尼新香榭鐵板燒等9大品牌，63家直營店，集團營收將近新臺幣35億元。王品集團更許下「30年60個餐飲品牌」的宏願，預計於2010年展店250家，挑戰年營收1百億元的目標；2020年將挑戰4百億元；2030年全球展店達1千家。

「餐飲業講求的是服務態度，有熱忱的人才能生存下去。」張勝鄉說道，要加入這個龜毛家族，是否相關科系畢業，是否有經驗，都不是考量的重點。張勝鄉指出，因集團內部有完善的培育訓練制度及標準化作業流程，因此，王品更重視的是「態度好」及「自我要求高」的特質。樂觀、喜歡與人群接觸、好奇心的人錄取機率較大。

➕ 看他們在行銷

資料來源：www.chinatrust.com.tw

資料來源：www.momoshop.com.tw

分享你的看法

1. 你認為金融行銷的成功關鍵在哪裡？

2. 網路銀行興起，能否改變消費者的行為？你曾否在網路銀行完成理財服務？

3. 請上momo購物網站，了解網路購物的商品類別。

4. 你常透過網路購買商品嗎？哪些商品類別是最常購買的？

焦點行銷話題

45 年桂冠－如何開創傳統美食新發現？

Brain, NO.476 2015.12

　　說到火鍋料、湯圓，大部分的人馬上就會想到桂冠，一口咬下白嫩軟Q的湯圓，嘴裡滿是芝麻或花生的幸福滋味，陪伴臺灣生活45年，旗下的冷凍食品，更是不少媽媽們及單身貴族的料理好幫手。

⊃圖3.6　桂冠6大致勝關鍵DNA

♥ 產品會客室

得正 Dejeng

　　有別於一般手搖飲的紅茶、綠茶、奶茶，得正以烏龍茶為特色，發跡於臺中，以藍白色系清爽的品牌形象，深受年輕人喜歡，門市牆面已成顧客打卡的熱點。

圖片來源：https://store.dudooeat.com/order/store/5c3d0123ceef40eca943a8a02e77fb19

本章問題

1. 請虛擬一個企業，並自設規劃組織架構與設置各層級目標策略。

2. 你認為波特提的三種策略，在目前各行各業中運用的情形如何？

3. 可否從網路上下載一家企業的首頁，嘗試為這家公司把脈，寫下一套新的策略規劃流程。

請運用你的想像力,將下列的 IG 中空白處填滿,配合自己拍攝的照片與文字,企劃屬於你自己的主題。

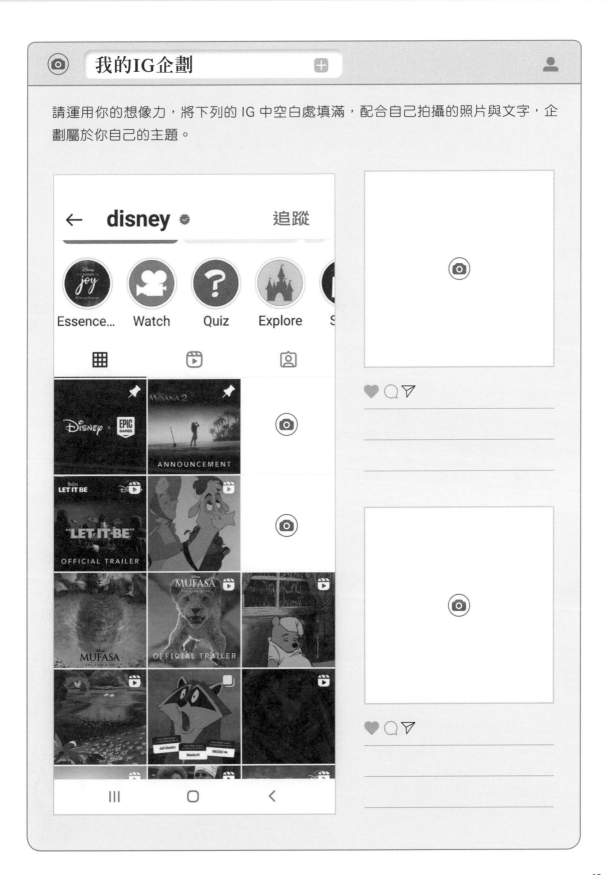

靈光
一現

🔍 行銷隨堂筆記 ➕ 👤

請你上網找最新的或最喜歡的官網、臉書專頁、產品照,剪貼下來並分享喜歡的理由。

你の浮貼

★官網Sample

我喜歡 ....

理由 ....

▲ 資料來源: 🔍

你の浮貼

我喜歡 ....

理由 ....

★ 產品Sample

▲ 資料來源: 🔍

★小編文案Sample

Coca-Cola
星期五上午10:00 · 🌐 　　　　　‧‧‧

#開聲音 🎧🎧🎧
沒想到 Coke feat. Apple 的聲音…超～療～癒～

「可口可樂」蘋果口味新上市！
想知道是什麼樣的滋味征服了全日本的心？
現在就到全家便利商店一嚐究竟吧 🍎🍎🍎
#享受 ASMR #可口可樂 #CocaCola
#期間限定只在全家

你の浮貼

資料來源：可口可樂臉書專頁

我喜歡

文案練習

理由

▲ 資料來源：　　　　　　　　　　　　　　　　　　🔍

Name　　　　　　　　　　　Date　　　　　　　　　　評分

行銷資訊系統與研究 04

- 介紹行銷資訊系統與行銷研究的意義
- 介紹行銷資訊系統與行銷研究的目的與效益
- 如何完成行銷資訊系統

摩斯漢堡除了可以線上訂購外，目前還有外送服務，因此吸引不少喜愛摩斯漢堡的顧客訂購。

資料來源：http://www.mos.com.tw/

「行銷越來越趨向資訊戰，而非銷售團隊的戰爭。」

菲力普・科特勒，《行銷管理學》，11版。東華，P.147。

行銷資訊系統

　　網路化與全球化的趨勢往往使人面對一波又一波的資訊革命，令人措手不及！到底行銷人員如何接招，而且要能命中目標，才是需要我們深切思考的問題。在這一兩年，金控集團竄起，集團內部的各個成員，皆以互補長短的方式來獲得目標族群的青睞，因此所謂客戶資訊儼然成了可交易的標的，因此也造成顧客不悅的反應！翻開雜誌報紙競爭者的廣告與活動，不停地刺激消費者的荷包，若不採取因應措施，恐怕客戶流失而不自知。如何判斷正確的資訊加以研究分析，並進一步擬定策略，正是本章所要探討的主要部分。有一項有趣的現象便是在競爭者尚未出擊時，消費者已經先得知訊息，因此行銷人員如何做好行銷資訊收集，建立行銷資訊系統，更重要的是研究出一套策略與戰術來因應，才是最需要突破的本事。

　　在公司決定建立屬於公司自己的資訊系統時，以下有幾項要思考的問題：

1. 公司經常面對的問題為何？同時需要哪些類型的決策來處理呢？

2. 在決策進行中，有哪些資訊是當時所需？

3. 行銷人員經常獲得的資訊種類？

4. 哪些資訊會定期需要分析與探究？

5. 目前行銷部門在資訊取得中最難獲取的是什麼？

6. 每天、每週、每月、每季所需要的資訊有哪些？

7. 公司持續性的問題為何？

8. 何者是適合公司資訊的資料分析程式？

　　當我們審慎思考以上的各項問題後，首先在發展階段應先透過公司內部的記錄、行銷研究、行銷決策分析等協助。一般而言，行銷資訊系統(marketing information system, MIS)是指「可以產生、收集、

分類、分析、儲存與傳送，同時提供正確且及時的資訊給行銷人員的組織性結構」。行銷資訊系統大致可分為四大子系統：一、內部記錄系統；二、行銷情報系統；三、行銷決策支援系統；四、行銷研究。以上四種系統的資料來源可以由圖4.1中得知：不管以上四項中哪一項系統，都需運用到資料庫(data base)。例如顧客資料庫、銷售人員資料庫，以及產品資料庫。資料庫的意義為「將資料分類整理及儲存，並且可以隨時在電腦檔案中更新與重複使用」。但當資料庫愈見複雜，漸漸形成「資料倉儲」(dataware house)，此種情況會是電信業者或銀行的信用卡中心的交易筆數。若要分析這些龐大的記錄，必須有賴統計方法，找出每一筆資料間的關連性與差異性，此種分析方式我們稱為資料採礦(data mining)。以下再次說明四大系統的意義。

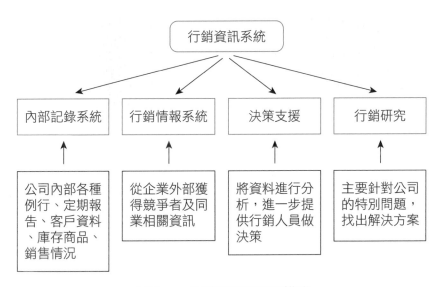

⊃圖4.1　行銷資訊系統的構成

1. **內部記錄系統**：行銷人員使用內部記錄系統中之訂單（訂單－收支帳款循環）、銷售（銷售資訊系統）、價格、存貨等資料，藉以上的資料作分析，行銷人員可以掌握重要的機會與了解其中的問題。

2. **行銷情報系統**：是提供正在發生的資料，它是一組程序與資訊的來源，行銷人員藉由閱讀雜誌書報及與供應商、配銷商、顧客以及外界談話所獲得的一些資訊。下列為幾種具體作法：(1)訓練銷

售人員去掌握最新市場資訊；(2)激勵公司的配銷商、零售商，以及其他中間商傳達重要情報；(3)公司購買競爭者的商品及參加公開展示活動；(4)建立一組忠誠顧客小組，傾聽真實的需求；(5)向外界機構購買情報，例如：A.C.Nielsen公司。

3. **行銷決策系統**：是指行銷人員運用電腦作業程序，及使用統計工具（例如使用EXCEL、SPSS、SAS等軟體）計算銷售量、利潤、成本等的資料分析，以作為行銷決策的參考，此系統應把握多元性、易操作、前瞻性等特性。

4. **行銷研究系統**：意指行銷人員針對企業的特定問題及機會委託進行較深入的研究，更進一步詮釋，它是一項有系統的收集、分析，與探討公司所面對各種特定行銷情勢的資料與發現。一般公司會透過以下機構完成行銷資訊系統：(1)顧客行銷研究公司；(2)專業性行銷研究公司；(3)綜合服務性研究公司。

💻 行銷企劃內心話 --

「往往老闆會因自己想增加產品的品項，而衝動的決定新產品上市，此刻必須儘快提供具體性行銷研究的結果，協助老闆不憑感覺作決策。」

～永遠跟不上老闆速度的行銷老兵

📌 行銷部門的一天 --

我們經常會遇到在站前新光三越門口有人要你填寫問卷，很可能寫了五分鐘後又來一通電話調查訪問，令人不勝其擾，聰明的你可否想想是否有一套令消費者樂意配合的問卷方式？

4-2　行銷研究的程序

Practice and Application of
Marketing Management

一個有效率的行銷研究必須包括六個步驟，可參考圖4.2。

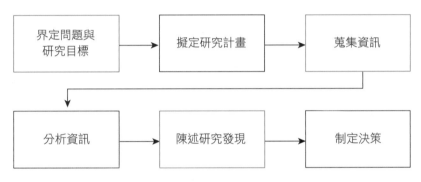

⊃圖4.2　行銷研究過程

參考資料：菲力普‧科特勒，《行銷管理學》，11版，東華。

步驟一：界定問題與研究目標

行銷人員必須很清楚的注意範圍不可過於廣泛與狹隘，例如近來公司的新產品銷售量突然驟降，雖對於會計部門與業務部門它是一個數字，可能業務部門需更加努力挽回市場，但是若以行銷人員的角度來看，它可能是以下任何一項，需要先界定問題所在：

1. 是否競爭者以低價影響公司新產品銷售？

2. 是否因廣告已結束，消費者無法再次得知新產品資訊？

3. 是否通路設計有問題？

4. 是否新產品有一些潛在問題？…等各項可能的問題。

以上皆是可能造成銷售量下滑的問題所在，行銷人員有責任界定問題，才能朝下一階段繼續。

步驟二：擬定研究計畫

首先研究計畫的設計過程中，必須先決定：1.資料來源；2.研究方法；3.研究工具；4.抽樣計畫；5.接觸方法等決策[1]。

1 菲力普・科特勒，《行銷管理學》，11版。東華，P.158。

1. 資料來源

一般來說，研究計畫通常需要收集初級資料及次級資料，初級資料指的是為特定目的與需要而收集的原始資料，而次級資料則已經存在某個機構或部門，是為了其他目的而收集的原始資訊。

2. 研究方法

包括觀察法、調查法、行為分析法、深度集體訪談法及實驗法。

3. 研究工具

一般行銷人員會運用四個主要工具：A.問卷；B.心理學工具（例如：深度訪談或心靈階梯技術等）；C.機械工具；D.質性的量測。

4. 抽樣計畫

在決定研究方法之後，行銷人員必須進一步設計一套抽樣計畫，其中應包括：A.抽樣單位；B.樣本大小；C.抽樣程序。

5. 接觸方法

一旦完成了抽樣計畫後，研究人員必須決定用何種方式接觸受試者，其方法包括：A.郵寄方式；B.電話；C.人員訪問；D.線上訪問。

步驟三：蒐集資訊

整體來說，在此階段常會出錯，尤其有些受訪者可能拒絕，或者不在家，也可能在回答時擁有個人偏見，以不實回答來回覆，但另一方面，因科技的便捷也讓資訊蒐集節省諸多時間與心力。

步驟四：分析資訊

行銷人員可嘗試應用一些高等的統計技術與決策模型，來發現更多行銷現象。

步驟五：陳述研究發現

行銷人員必須將研究結果具體呈現給需要的對象或部門，甚至擴大為管理當局。

步驟六：制定決策

將研究的結果與見解提供給部門主管或經營者，以避免錯誤決策的產生。

綜合上述的六步驟，一個有效的行銷研究應包括下列特點：1.科學方法；2.研究的創意；3.多重方法；4.模式與資料間的互依性；5.資訊的價值與成本；6.健全的架構；7.行銷倫理[2]。

2　菲力普・科特勒，《行銷管理學》，11版。東華，P.168。

靈光
一現

焦點行銷話題

全聯經濟健美學－懂省懂練變更好看

文／余雅琳 Brain. NO.530 2020.06

　　4月底邁入第6年的「全聯經濟美學」提出新主張，結合時下最夯的健身元素，打造「全聯經濟健美學」的新姿態，將過往所塑造的「美學」態度，轉換成消費者的具體美感行動，傳遞「最經濟的方式，投資更好的自己」的概念，鼓勵消費者透過最經濟的健身雕塑出更好的模樣。

蛋白質 + 經濟美學 = 全聯經濟健美學

　　過去，無論主題是什麼、訴求是什麼，全聯經濟美學始終是全聯經濟美學。今年，全聯經濟美學加上一個「健」字，似乎凸顯出今年的與眾不同。

　　為傳達「全聯經濟健美學」的內涵，奧美團隊決定將廣告舞臺設定在全聯的賣場空間裡，再把商品化作健身器材、把日常的購物動作設計成8個健身動作，找來8組健美先生、小姐，準備在全聯空間做最經濟的健身。

　　「全聯經濟美學」的風格從年輕人、街拍開始，在街頭拍出年輕人潮、酷的時尚風格；到2017年由長輩做時尚代言，走到街頭也走上伸展臺，傳遞「省錢就像白T牛仔褲，永不退流行」；再到2018年走進家庭、年輕人的租屋處，主張「省錢不是一個人的事，是一家人、一群人共同追求的信仰」。

精心文案設計，讓你再一次心動

　　視覺的時尚好看外，還要文字精準、俐落的表達主張，全聯經濟美學才完整。「文案」是許多人對全聯經濟美學的第一個心動，總有一句話說的好像就是他自己的心聲，今年也不例外。

　　「全聯經濟健美學」一推出後，許名網友看完產生共鳴，於是將喜歡的那句話寫在分享貼文裡，或直接在影片留言處表達心意。許力心說：「每一年在寫大家都覺得有共鳴，其實背後做了非常多的思考、準備跟規劃，然後一步一步非常有邏輯跟組織下來的思考。」

全聯經濟健美先生，社群記錄他的誕生

　　全聯經濟美學提出新主張，身為靈魂人物的全聯先生則負責落實新主張。今年2月28日開始，全聯先生祕密投入為期8週的健身計畫，走進健身房接受教練的嚴格指導，也走到全聯採買食材、製作健身餐。除此之外，他每天都會在Instagram發一張裸露上半身的照片，記錄自己的身體變化。

走到第 6 年時間累積成美感

　　「全聯經濟美學，更像是全民的經濟美學。」龔大中接續著說，全聯經濟美學是一個概念也是一個平臺，將所謂的節儉美德包裝成新的樣子，透過全聯經濟美學幫人發聲，表達出他們的心情，由他們來講什麼是經濟美學。

　　最後，談到全聯經濟美學的未來。許力心認為，全聯經濟美學還可以走很久。龔大中則提到，如果能持續累積下去，未來甚至辦一個經濟美學展，把每一年做得東西都展出來，這樣子每一年更要做得好看，「累積持續做，不斷去自我突破，比上次做得漂亮。」

| 4-3 | 資訊蒐集及研究分析 |

Practice and Application of
Marketing Management

　　為了配合公司行銷策略的制度，所有行銷活動的前置作業就是蒐集次級資料、初級資料。何謂「次級資料(secondary data)」，主要是為了研究目的而蒐集的現有資料。例如行銷人員可先由公司內部的資料庫做起，同時大量蒐集外部資訊，例如商業資訊、政府資料，以及網路資料、部分組織提供線上資料庫(online databases)，行銷人員可由此來源進行行銷研究，對現在進行行銷研究的人員，提供具效率的方式。有些資料庫的使用需收取費用，但大致而言，皆比初級資料來的便宜。另外初級資料(primary data)的收集是需要一些蒐集方法，它並不像次級資料那樣容易取得，以下為初級資料的各項蒐集方法，主要包括：1.觀察研究法；2.調查研究法；3.實驗研究法。

1. **觀察研究法(observational research)**：是以觀察相關人員、行動及狀況來蒐集初級資料。例如：行銷人員可能會去大型超市觀察正在購物的顧客，觀察顧客做出購買決定的所有細節，這是一種將深度觀察及顧客訪談加以結合的研究方法；另外有些公司藉由「機械式」觀察來收集資料，例如尼爾森媒體研究公司(Nielsen Media Research)將「人數計數器」(people meters)裝置在被選定家

庭的電視機上，以記錄誰看了哪些節目，其他有些公司則採用結帳條碼掃描器(checkout scanner)記錄消費者所有的採購項目，相同的Media Metrix在消費者的個人電腦中安裝了一種特殊軟體，以進一步監視顧客瀏覽網頁的行為模式，如此得知進一步分析最佳網站的排名。

2. **調查研究法(survey research)**：是適合用來收集敘述性資訊的方法，且廣泛運用在收集初級資料上，調查研究法最大的優點是具有彈性，可在許多不同狀況下得到不同的資訊，但相對的，也會產生一些問題。例如有時受訪者會因無法記住，或忘了他們曾經做過什麼以及為何那樣做的原因，而無法回答所提的問題；有時，受訪者也可能只為了讓別人認為他們消息靈通，就在不知道答案的情況下做出答覆。

3. **實驗研究法(experimental research)**：此方法包括挑選適合目標的受測群體，給予不同的處理方式，控制無關的因素，並檢查群體間反應的差異。

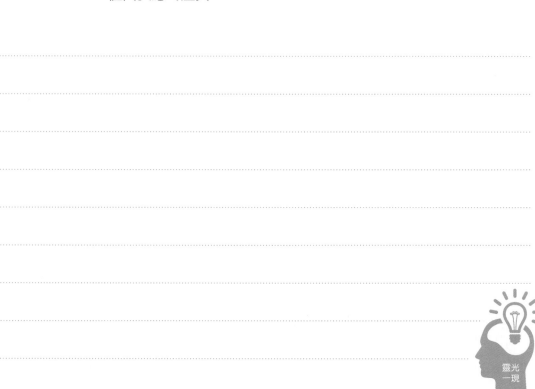

靈光
一現

👤 焦點行銷話題

桂冠窩廚房：打造餐桌過節場景

文／楊子毅 Brain, 2023.05, P50-56

　　經濟雖然不景氣，但通路上的競爭卻越來越激烈，多芬究竟有什麼樣的策略和創意在通路中脫穎而出？又如何在行銷的最後一哩抓住消費者目光？

　　桂冠食品自2013年進行全面品牌改造時，宣示從食品製造業轉型為食品服務業，並以開心品味時光轉型為目標，隔年即成立桂冠窩廚房料理課程空間，希望打造體驗平台，讓顧客在365天能聰明備餐接下來也因疫情，讓顧客在自家用餐時間變多，開始關注經營餐桌時光，桂冠配合這股自煮料理趨勢，提供線上消費者不同的生活提案，如食材如何收納或採買文，同時也發現消費者很了解在什麼時間會想吃什麼菜，也就很快規劃相關內容，桂冠窩廚房有自己的數據洞察，看到更多發現而進一步規劃課程，如為毛小孩鮮食課，親子主題課程等，目前的客層包括上班族也涵蓋退休熟齡族群。

　　除了上述的種種經營，窩廚房亦與不同廠商與品牌合作，如聖誕節與香氛產品結合，打造聖誕氣氛。窩廚房已經成為過節場景流程設計者的角色。

➕ 看他們在行銷

資料來源：www.chafortea.com.tw

資料來源：www.aso.com.tw

分享你的看法

1. 天仁茗茶還記得嗎？「喫茶趣」是天仁茗茶所發展的連鎖店，可否動動腦思考，還有哪些企業可以像「喫茶趣」一樣？

2. 除了喫茶趣外，你認為「天仁」尚有哪些發展契機？

3. 近來我們不難發現一個有趣的現象，就是A.S.O旁，或隔一～二個店面，會有像La New或全家福鞋店連接在一起，似乎成為「鞋」街，可否討論這幾家的差異？

4. A.S.O的品牌定位為何？還有哪些可以改進？

👤 焦點行銷話題

品牌煥新挑戰

文／蕭妤秦Brain, 2024.02, P24-29

HOLA 的第二人生

　　以往HOLA給消費者的印象，在於接近通路而非品牌，但現在希望藉由品牌煥新，以重新設計Logo與特力屋做出差異，發展出屬於HOLA自己的風格，以創造品牌特色與價值，更重要是吸引更多年輕客群的關注，做到線上線下的結合。

　　此次新的LOGO中的O是由兩個像是括號的彎月組合而成，從月亮的型態做為發想，結合LOGO品牌目標「創造家的動人時刻」，月亮就像是代表生活中的每個日子，會有月盈與月虧，同時為迎接新的企業識別，HOLA在中和開設中和環球都會旗艦店，雖然LOGO改變，核心卻未改變，並且投入長時間在內部溝通以達成共識，定義出目標族群鎖定在氣氛沈浸者類型與風格追求者類型，並且持續經營體驗活動。

♥ 產品會客室

用科技釋放人力，讓店員有更多時間服務顧客；並運用科技加深與顧客的互動：explore（探索）、experience（體驗）、excellent（超越）。

「就是要海尼根，也讓許多人記憶猶新！從圖片上兩個不同品牌比較下來，請從不同角度來探討海尼根與台啤成功的地方？」

資料來源：https://www.fb101.com/wp-content/
uploads/2014/10/HKN_T314Tuck
t Card_Korbel_Final.jpg

資料來源：https://www.twbeer.com.tw/beer_
Classic.html

本章問題

1. 請同學分組做以下公司的行銷研究，並依照六個步驟來分配工具與執行：

   A. 漢堡王

   B. 摩斯漢堡

2. 你認為行銷研究最困難之處在哪裡？

3. 可否收集目前臺灣的行銷研究機構？

4. 可否上網尋找各種不同的資訊提供組織？

5. 你認為研究方法的選擇影響行銷結果程度為何？

靈光
一現

我的IG企劃

請運用你的想像力,將下列的 IG 中空白處填滿,配合自己拍攝的照片與文字,企劃屬於你自己的主題。

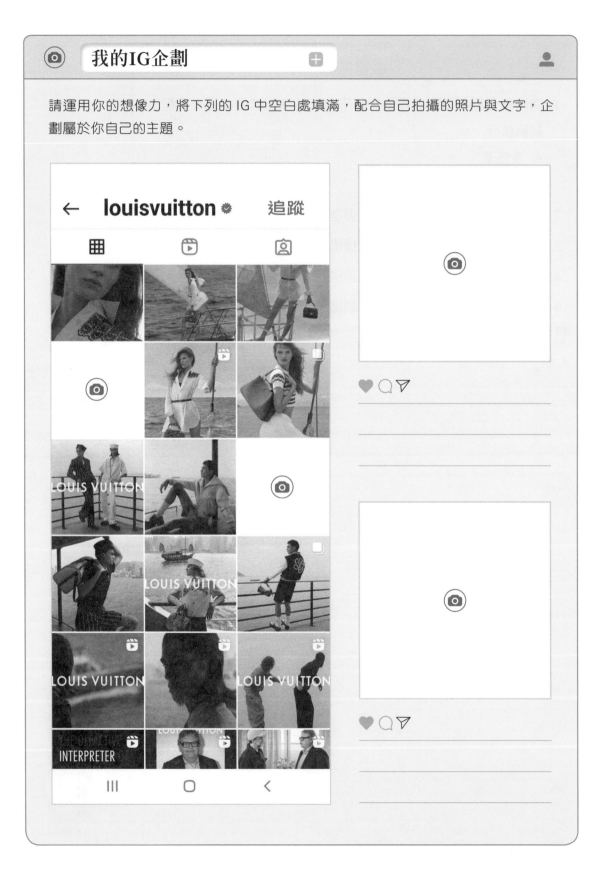

🔍 行銷隨堂筆記 ➕ 👤

請你上網找最新的或最喜歡的官網、臉書專頁、產品照，剪貼下來並分享喜歡的理由。

你の浮貼

★ 官網Sample

我喜歡

理由

▲ 資料來源：🔍

你の浮貼

我喜歡

理由

★ 產品Sample

▲ 資料來源：🔍

★小編文案Sample

Coca-Cola
2月27日 · 🌐

【開罐 Coke 好好吃飯】你的食譜，Coke 來煮 🍽

感謝粉絲們熱情提供食尚餐廚私房菜，
「可口可樂」特選二道料理邀請大廚實際上～菜～啦～！
#點開圖片看詳細食譜

👉第一道：肋眼牛排佐繽紛時蔬
把餐廳搬到你家！拿起方形條紋煎烤盤，跟著步驟輕鬆享受高級排餐！
👉第二道：金黃焦糖甘甜滷味
想念媽媽的味道～就用雙耳小湯鍋滷一鍋小時候的最愛 🖤

食尚餐廚集點送，最後限量趕快換> http://bit.ly/2PnRhbl

#開罐 Coke　#好好吃飯　#可口可樂
#食尚餐廚集點送 #CocaCola

資料來源：可口可樂臉書專頁

你の浮貼

我喜歡

文案練習

理由

▲資料來源：　　　　　　　　　　　　　　　　🔍

Name　　　　　　　　　　Date　　　　　　　　　　評分

消費者行為 05

學習目標

- 認識消費者行為的意義與內涵
- 探討消費者之行為模式
- 分析影響消費者決策的因素

支付寶在臺灣深耕多年，未來更全面的服務深入接觸到潛在的客戶，支付寶為臺灣在地商戶開拓了嶄新的行動支付方案。

資料來源：https://www.alipay.com/

「公司必須將顧客視為資產，並像其他資產般需要被管理與增加。」

～菲力普・科特勒，《行銷是什麼？》。商周，P.154。

5-1 前言

Practice and Application of
Marketing Management

消費者行為(consumer behavior)主要探討「在滿足其需要與慾望時，個人、群體與組織如何選擇、購買、使用及處置商品、服務、理念或經驗」[1]。例如許多行銷人員都想得知顧客的內心世界，就如品牌的選擇因素是什麼？為何部分商品消費者只願在百貨公司購買而不願在大賣場購買？這些問題正是身為行銷人員急欲了解的。一般公司也許會根據一些行銷研究的結果來企劃行銷活動，可能在實際執行時，會發現消費者最終的選擇還是超過原來預期的結果，甚至消費者真正想要的是所有競爭者始料未及的！另一方面原本行銷人員擔心推出新產品的時機不對，深怕消費者無法接受改變但結果卻出乎意料。例如目前許多預購商品，部分消費者皆能嘗試創新，如年菜或母親節蛋糕的預購，創造佳績，也藉由預購商品的推陳出新，漸漸地影響消費者的行為！本章將帶領讀者認識消費者行為的內涵與行為模式，同時分析影響消費者決策的因素，除此也提供影響消費者行為的各項因素。

1　菲力普・科特勒，方世榮譯，《行銷管理學》，11版，東華。

5-2 消費者行為的定義與消費者行為模式

Practice and Application of
Marketing Management

在第一節前言，我們已介紹消費者行為的定義，但是在此定義的背後，我們必須認識「消費者行為模式」。你我皆是消費者，大都有類似的經驗，例如正當你至屈臣氏打算購買一瓶洗髮精，竟在結帳多出了一包電池或三盒裝的牙膏組合，原因不外乎是「促銷價有夠便宜」，或者「順便」購買；也許你在上網時，在螢幕的按鈕或廣告不斷閃出「想瘦哪就瘦哪！」當你一點滑鼠的那一刻，不僅你獲得瘦身的資訊外，也在當下完成了網路購物。到底什麼驅使你我做出消費行

廣告金句Slogan
啊～福氣啦！
（三洋維士比）

為，或許你會在完成交易後仍舊百思不解！面對e化的普遍，在網路世界中，不得不去留意「真正的消費者是誰？」越來越多企業覺得消費者太難捉摸，與其花上百上千萬的廣告費用，不如用心去經營顧客，尤其最近行銷的熱門話題中提到有幾項行銷口號，包括感動行銷、口碑行銷、體驗行銷、說故事行銷、置入式行銷等，皆直接間接對於消費者的購買決策有明顯的效果。正如口碑行銷(word of mouth)一樣(WOM)，以買車為例，我們自己都會事前去收集各式各樣車型的資訊，不會有進一步購買的行為，其中更重要的關鍵就是口碑推薦，可能身旁的朋友，會直接推薦某家車款性能強，又省油，甚至是透過網路上留言版的訊息，讓你有一些決定的因素，因此要掌握消費者下一步的選擇，可以了解到下列的「消費者行為模式」。

廣告金句Slogan
不該愛的，趁早換！（和信電訊哈啦900）

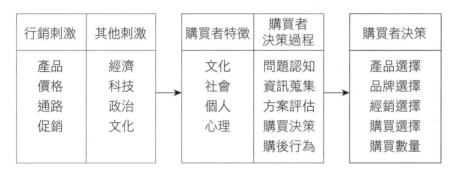

行銷刺激	其他刺激	購買者特徵	購買者決策過程	購買者決策
產品 價格 通路 促銷	經濟 科技 政治 文化	文化 社會 個人 心理	問題認知 資訊蒐集 方案評估 購買決策 購後行為	產品選擇 品牌選擇 經銷選擇 購買選擇 購買數量

⊃圖5.1　消費者行為模式

資料來源：菲力普・科特勒，方世榮譯，《行銷管理學》，11版。東華，P.219。

　　從以上圖中尤其以「購買者特徵」這一欄中的「文化、社會、個人、心理」等因素是直接影響購買者的決策，以下就各項因素逐一說明：

1. 文化因素

　　文化(culture)與次文化(subcultures)對消費者的影響很深遠。首先就文化這二個字，我們先想一想中國文化是什麼？日本文化的代表為何？中國的文化強調節儉是一種美德，每逢年節家家戶戶除舊布新，歡喜迎接新年來到；而日本的武士道精神與強調精緻的作風，皆能領

悟到「文化」實際上是一種價值觀(values)系統，同時包括了一個群體共同依循的生活方式與態度。但是一個國家與社會包涵許許多多的文化，就好比臺灣而言，客家、閩南、原住民等文化，就呈現出多元化的色彩。因著文化的不同，消費者的購買行為也跟著不同。另外在文化中皆存在許多更小的「次文化」，次文化可區分成國家、宗教、地理區域與種族，當次文化越來越成熟時，行銷皆能就此項次文化設計行銷活動出來。例如：客家文化近來藉由行政院客家委員會開播「客家電視」以來，除了在電視節目中「客家每日語」的教學外，其他的行銷活動接踵而至，內容包括客家美食與文化節、客家歌曲的流行等。

2. 社會因素

除此，尚有「社會階層」(social strata)也會間接影響消費者購買，社會階層反應在所得、教育程度、居住地區以及工作職位方面，這不同的社會階層也會自行形成一項特徵，例如：穿著與談吐、娛樂方式及價值觀等。

談到社會因素，便讓人想到社會階層，一般而言，社會階級具有以下幾種特徵：

第一：同一社會階級成員的行為表現遠較二個不同社會階級的成員更為相似。

第二：人們會依其所認知的社會階級而有優劣不同的地位[2]。

第三：一個人的社會階級係由一組變數所決定，例如：職業、所得、財富、教育及價值觀導向等因素所共同決定，而非由任何單一變數所決定。

第四：個人在其一生中可以從一個社會階層移動到另一個社會階層，可能向上或向下。

在臺灣社會中，或多或少可以發現社會階層不同的反應，在電視媒體的呈現就會因不同社會階層而在對白上明顯的區分出來，例如：

2 菲力普・科特勒，方世榮譯，《行銷管理學》，11版。東華，P.219~221。

俗女養成記的故事，皆呈現了草根性濃厚的味道，或者我們可發現一些觀光景點，會吸引不同的社會階層前來。例如水鳥保護區會吸引一些重視生態愛好地球的愛鳥人士前來，除了社會階層外，消費者尚受到參考群體、家庭與家庭生命週期的影響。

3. 參考群體(reference groups)

乍聽到「參考群體」時，或許一時很難理解，先以這個例子來舉例，時下的年輕人會因崇拜某一位歌手，而改變其髮型或穿著，到底參考群體的種類為何？首先讓我們定義，參考群體(reference groups)：代表消費者的行為與態度均會受到小群體（即參考群體）的影響。一般小群體主要包括幾種類型：(1)會員群體；(2)非會員群體。在會員群體中又可細分為：A.相互間互動頻繁的「主要群體」，像是同學、家庭成員、朋友；B.「次要群體」指的是互動關係次於主要群體的對象，例如俱樂部會員、歌迷會等。非會員群體：除了「參考群體」的因素外，消費者仍會受到家庭、社會角色與地位等不同的社會因素影響，尤其家庭中的成員經常塑造新的消費者行為，例如女性已成為DIY產品的購買者。因此，行銷人員在設計廣告時的風格或方向，也就應該參考消費者－家庭這項因素。此外，角色(role)與地位(status)也經常關係著品牌經營與行銷手法。

4. 個人因素

影響消費者購買的個人因素方面，主要包括了(1)購買者的年齡；(2)家庭生命週期(family life cycle)：例如單親家庭的消費者購買行為；(3)職業與經濟條件。例如飛機座位會有商務艙，提供給商務人士，票價會高於一般經濟艙，但在商務艙的座位與用餐，則有別於一般，因此會選擇商務艙的原因除了公司已規劃的預算外，最主要的原因是消費者具有一定程度的消費能力，他們擁有固定的收入與不錯的社會階層。最後在個人因素下，我們經常會發現影響消費者購買行為的因素，包括：(1)生活型態；(2)人格特質；(3)個人價值觀等。

5. 心理因素

　　涵蓋如動機、認知、學習、信念及態度，每一個項目都在直接、間接的影響消費者的心理與行為。因此，行銷人員需要涉獵各方面的專業、定期分析與了解顧客的真實情況為何。好比我們經常聽到馬斯洛的需要層級理論（馬斯洛需要層級的重要依序為生理需要、安全需要、社會需要、尊重需要以及自我實現需要），此理論有助於行銷人員懂得如何符合各種產品與潛在顧客的需求，進而企劃各種行銷活動。

行銷企劃內心話

　　當你實在很難滿足顧客時，也許自己轉換一下空間，享受一下身為顧客的身分，自然而然，靈感就跑出來了！千萬可別硬著頭皮做客服中心的規劃，除非自己對自己公司的產品已完全認同。

　　　　　　　　　　　　　～蠟燭兩頭燒的行銷人（身兼行銷與客服）

行銷部門的一天

　　在甜甜圈專賣店推出後，每日排隊的盛況絲毫不減。除此我們不難發現一些現象，例如：代替排隊的工作因此形成，每個人或許會再多買幾個甜甜圈，以鼓勵自己排長隊的辛苦！你認為尚有哪些產品或服務能再創如此盛況？

靈光
一現

焦點行銷話題

OMEGA －獨特品牌管理之道！

文／邱品瑜

精品之所以為精品，除了生產過程嚴謹、品牌超凡，看OMEGA為何能在專業腕錶市場中，屹立不搖160多年？其背後藏著什麼樣的品牌管理學問？

1969年7月21日，格林威治時間凌晨2點56分，太空人阿姆斯壯首次登陸月球，這個耳熟能詳的歷史事件背後，OMEGA居然也扮演著重要角色。

「OMEGA超霸月球錶」是世界上第一支登陸月球的手錶，但對OMEGA來說，這件歷史殊榮，卻背負著一個品牌沉重的自我挑戰。

資料來源：www.omegawatches.com

清楚定位－精品不能只是高高在上！

精品不只是高價的代名詞，一項精品的誕生，必須同時擁有功能性、高品質、絕佳外型，以及專業保證等諸多條件，才得以讓消費者信服。

瑞士頂級腕錶OMEGA，1848年由Louis Brandit創立，用希臘文的最後一個字母Ω，代表著「超凡卓越」的深刻意涵，價格約在新臺幣10~35萬以上不等。

精雕細琢－致力追求卓越製錶技術！

OMEGA從創立以來，就不斷創新製錶技術，製造的每一階段，所有的材質和極小的零件，都必須經過嚴格品管檢測，大多數的OMEGA機械機芯都通過瑞士官方天文臺認證，這項認證的過程，必須經過十六個週期、五種不同的方位，以及三種不同的溫度，才算通過門檻。

故事能量－細膩文字取代自吹自擂！

在品牌形象打造方面，OMEGA擅長運用故事賦予品牌生命力，其中最經典的就是，OMEGA與美國太空總署NASA的多次合作，OMEGA順利通過NASA多項嚴苛的太空用腕錶條件，像是防震、耐溫、耐壓，以及能在真空、無重力、輻射與極端溫度的外太空環境下正常運作，OMEGA成功完成了六次遠征月球的任務，並且運用其高性能的精準設計，拯救了當時艙內電子計時器發生故障的阿波羅13號。

5-3 消費者決策過程

Practice and Application of
Marketing Management

　　當我們了解上一節所有影響消費者的各項因素後,接下來我們必須關心的是消費者在做出購買決定前與後的每一個階段,才可以推測消費者真正內心的想法,以及可能導致他們不願做決定的關鍵問題。一般普遍使用的方法,包括1.內省法(introspective method),即行銷人員回顧他們的行為,進一步推測消費者可能的購買行為;2.回顧法(retrospective method),透過與顧客訪談,請他們回憶整個購買過程的經驗;3.規範法(prescriptive method),即要求顧客描述希望購買此項產品的方式;4.展望法(prospective method),即行銷人員可以找出一些已計畫購買此項產品的消費者,要求他們思考可能進行此項購買的過程。除以上的四項方法來分析消費者決策過程外,事實上,消費者在所有購買過程中皆可能扮演五種不同的角色。

1. 購買者(buyer):即真實需要且實際購買者。

2. 使用者(user):為使用或消費此項產品者。

3. 發起者(initiator):為首先建議或想要購買某項產品或服務者。

4. 影響者(influencer):其看法會影響最後決定者。

5. 決定者(decider):為最終決定購買者,例如是否購買或何處購買。

　　其次,讓我們看看行銷學者所提出的購買決策過程的「階段模式」(見圖5.2)。

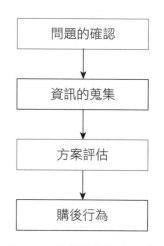

⮑圖5.2 購買過程的階段模式

資料來源:菲力普・科特勒,《行銷管理學》,11版。東華,P.243。

　　就以上的各項步驟看來，其中在「購後行為」的部分，行銷人員必須思考到以下各項來自於消費者的反應：1.購後滿足；2.購後行動；3.購後使用與處置（見圖5.3消費者如何使用與處置產品）。

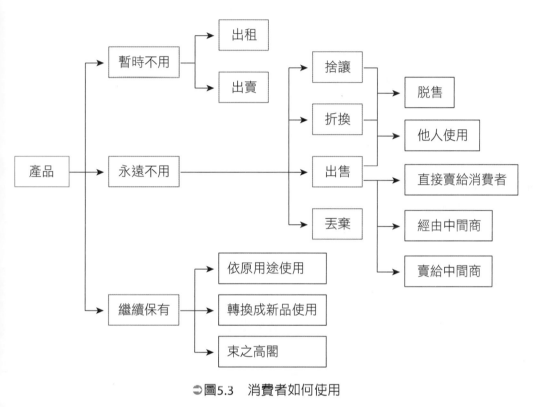

⊃圖5.3　消費者如何使用

資料來源：菲力普‧科特勒，《行銷管理學》，11版。東華，P.248。

 焦點行銷話題

四季飯店、Tiffany－精品數位行銷大絕招

文／郭彥劭 Brain, NO.438

　　精品業一開始對於在網路上和顧客溝通、賣精品其實興趣不大。理由很簡單，業者認為，網路是一個不分年齡、性別開放的空間，而他們，只需要鎖定頂級客層，不需要將商品資訊公開給所有人。

　　但隨著網路的發展快速，越來越多人在購買商品前，會先透過網路搜尋研究，甚至上社群網站看網友的評價。

數位高手 1 四季精品飯店

創內容　讓顧客離不開

　　四季飯店長久以來最讓人稱道的，就是極致的個人化服務。據說，美國CNBC電視臺的總裁入住上海四季飯店時，為了能讓總裁一行人能看到CNBC頻道，四季馬上加購解碼器，提供10間客房CNBC頻道的收視服務；飛利浦的總裁下榻時，則將房間的照明全換上飛利浦的產品；三星總裁的房間，當然會把其他品牌的電視全換成三星。

全面社群力　創造顧客參與

　　四季的數位策略，就是利用各種方式，增加和顧客互動的機會，在全球有超過80個地點有四季飯店，每一個地點都有一個專屬的Facebook和Twitter粉絲專頁，滿足不同地區顧客的需求，全球共有超過20萬粉絲。在YouTube頻道上瀏覽人次超過45萬。

四季飯店　數位致勝關鍵

　　關鍵1：目的地行銷，打造好用內容。

　　關鍵2：全面社群，傾聽顧客意見。

　　關鍵3：專業部落格，分眾出擊打動人心。

　　關鍵4：行動商務，訂房預約服務好方便。

數位高手 2 Tiffany & Co

結合社群　說一場精采的品牌故事

　　Tiffany背後所代表的「愛」和「承諾」早已深植人心，每一次浪漫的晚餐，驚喜連連的求婚場景，Tiffany絕對是最感動人心的要角。包括美國總統林肯、影星伊莉莎白泰勒在內，有難以計數的名人都用Tiffany傳遞堅貞的愛情。

　　現在，Tiffany想運用社群的力量，把品牌的價值深入一般大眾，讓更多關於Tiffany的愛情故事感動更多人。「What Makes Love Ture」網站就肩負這樣的使命，使用者可以在網站上傳影片、照片或是用文字訴說自己愛的故事。

　　為了鼓勵使用者分享，Tiffany會將上傳的照片設計成獨一無二的明信片，做為情人之間愛的印記。Tiffany提供APP，讓人不管走到哪，都能曬恩愛秀甜蜜。

葡萄王康普茶推出童趣版

「迪士尼限量典藏版」

文／動腦編輯部Brain, 2023.12, P112-116

　　葡萄王康普茶在2023年搭上迪士尼一百周年熱潮，將經典的迪士尼角色，如米奇、米妮、唐老鴨與黛西，打造成極具巧思的超萌包裝設計，在超商及量販店限量販售，例如穿上經典藍色點點群裝，以及唐老鴨黛西情侶檔擺出淘氣模樣！

　　包裝上也有四個迪士尼角色的簽名，此次推出的口味為順口的經典茶香與葡柚密香，都重在低糖與低熱量的訴求。

➕ 看他們在行銷

分享你的看法

1. 高科技產品在行銷的表現與消費品有什麼不同？

2. 可否上網為惠普其中一項產品設計一個廣告（平面或廣播）。

資料來源：http://www.hp.com/tw/zh/home.html

分享你的看法

　　這款價格令人心動不已的 iPhone，配備智慧型手機中最快速的A16仿生晶片，以及 iPhone最出色的單相機系統。

　　針對iphone 15的特色，可否企劃一句能打動消費者的標語，並進一步改變他們的消費習慣？

圖片來源：https://www.apple.com/tw/iphone/

焦點行銷話題

新光三越賣場變劇場－五年級大叔：不買沒關係，來看戲吧！

《商業周刊》，NO.1483

年輕世代去哪裡了？這是5年前，新光三越經營團 看到聯名卡客戶年齡層分布時，心底的隱憂。

辦音樂祭，首屆就 250 隊參賽

「要建立年輕人的好感度」，新光三越營業本部協理周寶文說，3年前，新光三越執行副總經理吳昕陽提出 "attract new"（吸引新客人）策略時，周寶文進一步提出，要 "attract young"（吸引年輕人），要在新客人中，找到年輕客人。

一開始，他們對會有多少年輕人參加，沒有把握，目標是一百隊報名，結果來了250隊參賽，吸引全臺2萬多人到場觀賞，九成是年輕人。

辦劇場，溝通「這裡是生活空間」

第2個計畫，走的是文青風，把劇場拉進百貨公司。

3年前，在信義店舉辦李國修屏風表演班的《三人行不行》，辦了一百場，總共5萬多人買票看劇；接著，表工作坊、果陀劇場、相聲瓦舍…，一場場表演活動，拉進「特賣會」的場地。

3年來，新光三越針對年輕人投入成本、人力，究竟效果如何？從最近自行發行的貴賓卡，可看出一點成果。這張卡推出個月，已有100萬張，其中，六成是39歲以下客人，新客人占一半，換算後，年輕的新客人，就有30萬人。

焦點行銷話題

解密 Z 世代，未來市場 4 種潛能

文／余雅琳 Brain, NO.528 2020.04

世代的更迭，帶動市場策略的改變，當千禧世代成為現今市場的主力消費者，生於1995年後的Z世代也準備進入社會，成為下一波市場主人翁。打入Z世代年輕市場的品牌策略正在陸續登場。

旅遊市場潛能－樂於旅行看世界，生命中最有價值投資

逃避也好，探索世界也罷，旅行不再只是一場成年禮、成長之旅，而是生活裡不可缺少的一塊，對Z世代更是如此。旅遊住宿平台booking.com在英國調查發現，Z世代有54％認為值得花錢去旅行，也有60％認為旅行是相當值得的投資，甚至未來十年內會有33％的Z世代透過旅行學習新知、提升技能。

[可能性1]勇者Z世代探險旅行勢在必行

跳脫便利、舒適的生活圈，越來越多人展開戶外的冒險旅行。Airbnb發現，旅客特別崇尚大自然，而且有成長的趨勢，像是「大自然類型」的體驗預訂量就成長103％，「徒步旅行主題」的體驗預訂量年成長約18倍，也是全球Z世代最喜歡的體驗類別。

[可能性2]尋古窺歷史，時空倒回的旅行家

全球對於旅行景點的偏好正在轉變，人們不再只走訪主要的城市，他們希望走訪更加在地、具有歷史文化的城市。也因此，近年有越來越多的二級城市崛起，成為人們的旅遊清單之一。

Airbnb發現，旅客喜歡透過體驗早期居民的生活方式，深度認識當地文化風情，因此在歷史類型體驗的發布量在2019年成長271％，2020年的預訂數更是增加116％，其中Z世代增加176％最為大宗。

[可能性3]享受一個人的旅行Z世代單飛行走

Airbnb發現，許多旅客選擇在旅行時放慢腳步，與自己的內在好好相處；他們也享受獨自旅行，在2020年Airbnb訂單上，單獨出遊的旅客預訂量增加了79％。另外，冥想體驗也是旅客探索內心的方式之一，年預訂量增加106％。

Booking.com 調查也顯示，未來10年內，有34％的Z世代至少會規劃一次自己的旅行，他們享受旅行時的一個人發呆，也有18％的人想要背包旅行或進行Gap Year。

數位生活市場潛能，娛樂、直播、訂閱、真實性

社群互動：交友外熱內冷，開小帳篩好友

Z世代常出沒的社群平臺，目前以Facebook居多，其次是Instagram，接著是Dcard；朋友數量也是在Facebook擁有的最多。不過，Z世代雖然喜歡交朋友、社群使用高，但Z世代與朋友的社群互動相對冷淡。

電商購物：直播×社群，社交購物娛樂一把抓

看準Z世代喜歡娛樂，也樂於分享、展現生活的特性，蝦皮購物在電商平臺中納入「社群媒體」功能，朝「社群電商」拓展；2019年隨著直播看漲、社群使用趨勢，蝦皮購物推出直播和動態功能，提供賣家更多元的行銷工具。

訂閱制：Z世代付費意願高，優化訂閱服務是關鍵

訂閱經濟的興起，大幅改變許多企業的商業模式，也為消費者帶來更加便利、快速又豐富的服務，對於Z世代更是受惠良多。

品牌忠誠度：勇於展現品牌信念真實、誠實面對Z世代

這幾年，許多品牌積極善盡企業社會責任，運用品牌的影響力為社會議題發聲，如P&G寶僑在種族和性別議題的行動，紐西蘭航空因更換紙杯成餅乾杯而獲得世界掌聲。這些品牌對於社會價值的行動與否，是Z世代檢視品牌、選擇品牌的關鍵要素，藉由消費去支持或不支持品牌，而且越年輕的Z世代越顯著。

新聞出版市場潛能，離線需求超乎預期，好內容帶動訂閱付費

因數位的衝擊，新聞出版產業近年力求轉型，努力接軌數位閱讀習慣，也找尋新營收方式，甚至試圖銜接與年輕族群的溝通斷層。

離線討論勝過社群分享，實體活動妙手回春

根據Comscore針對美國Z世代的調查，有55％時Z世代透過社群媒體取得新聞資訊，相比X、Y世代突出許多，其次依序是新聞網站和入口網站。不過，相比其他世代，Z世代普遍不會主動看新聞，僅有34％的Z世代渴求新聞，

多平臺曝光媒體品牌，桌上型閱讀仍須重視

除了在社群媒體上被動接收新聞外，Z世代也喜歡使用「新聞聚合式」媒體，一站取得各家媒體的新聞，一掃當日熱門新聞的標題，查看有興趣的話題內容。以新聞App為例，創市際發現，新聞出版者的自製新聞App難以吸引忠誠讀者，而新聞要在合App的瀏覽跟停留時間都相對增加10~35％。

家庭連動市場潛能，兩世代家庭的四世代聯彈

探究Z世代時，別忘了「家庭消費習慣」的影響性也相當關鍵。雖然Z世代是市場關注的族群，但多數Z世代尚未有經濟能力，消費決定權還是在父母手上，徵詢父母的消費意見在所難免，更不用說這些互動日常對Z世代日後的消費影響。

Y世代爸媽購物，一手網路商品查到底

網路使用、網路購物方面，東方線上指出，X世代父母一週平均上網時數約3.8小時，網購比例約74.2％；Y世代每週平均上網4.7小時，不僅網購比例超過9成以上，有一半以上Y世代也喜歡利用非中文語系網站查詢資料或購物。

X世代爸媽喜知名品牌，用社群Z世代遷徙Instagram

相較Y世代爸媽用網路查找資料，做足購買前的功課，X世代爸媽較容易因為品牌知名而決定購買。楊少夫提到，X世代信賴品牌的知名度，這如同一個保證，所以偏好在知名網站購物、買知名品牌的商品，品牌形象對X世代較具影響。

➕ 看他們在行銷

在此網頁，無法發現星巴克不斷在經營各國的行銷，不妨請你瀏覽不同國家的星巴克官網，分析其不同之處。

照片來源：www.starbucks.com.tw

產品會客室

請說明此茶類商品的目標市場。

本章問題

1. 你認為大家一窩蜂收集7-11點數以換取滿額紀念公仔的因素為何？可否就各項因素做探討？

2. 許多所謂「人氣商品」到底在購買過程中注入了什麼？

3. 可否回憶一則令你消費愉悅的經驗？

請運用你的想像力，將下列的 IG 中空白處填滿，配合自己拍攝的照片與文字，企劃屬於你自己的主題。

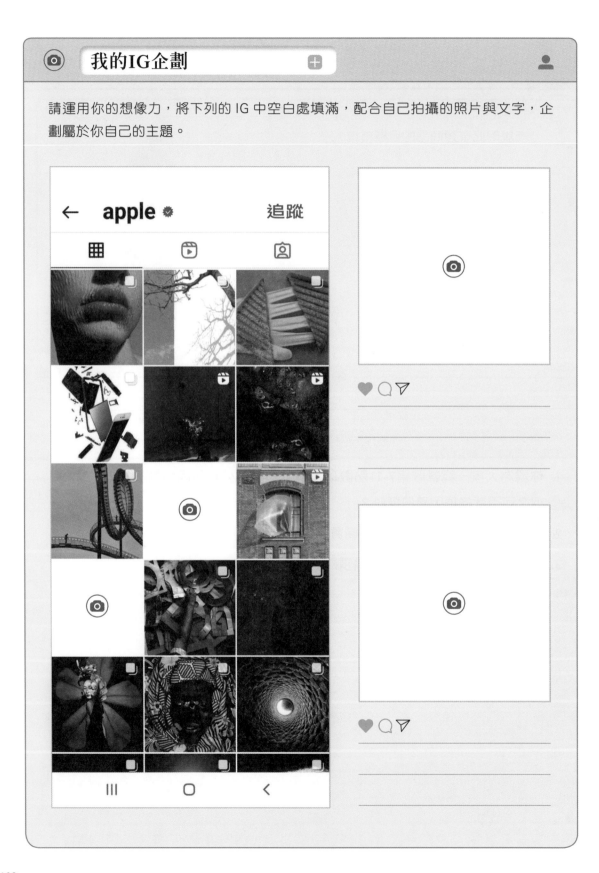

Q **行銷隨堂筆記** ➕

請你上網找最新的或最喜歡的官網、臉書專頁、產品照，剪貼下來並分享喜歡的理由。

你の浮貼

HP Essential 商務營電和平板電腦

隨時準備工作

經濟實惠的商務筆電可以高效率處理各項任務。這些性能可靠的電腦不僅擁有美觀的設計，而且能夠出色地完成工作。

瞭解詳情

★官網Sample

我喜歡 ....   理由 ....

▲ 資料來源: .... Q

你の浮貼

我喜歡 ....

理由 ....

★ 產品Sample

▲ 資料來源: .... Q

★小編文案Sample

Coca-Cola
昨天下午 12:00 · 🌐

那個...你旁邊怎麼多了一個人😨
原來是城市瓶上的人物穿越到現實世界啦😂😂😂

「可口可樂」城市瓶驚喜擺設新登場！
放大版的設計讓各城市特色一目了然，
仔細看還有 Coke 曲線瓶暗藏其中耶～你發現了嗎？🔍

小編加碼爆料📣
在指定店家購買 Coke 城市瓶，
還能獲得超美"限量"明信片，
大賣場、超商款式不同，早點入手才有機會全套蒐集！

*詳細地點請見下方留言區

#CocaCola
#可口可樂城市瓶
#不一樣的城市 #一樣的可口可樂

資料來源：可口可樂臉書專頁

你の浮貼

我喜歡

文案練習

理由

▲資料來源：

Name   Date   評分

企業組織市場與 **06** 其購買行為

- 了解何謂企業組織的型態
- 介紹各類組織市場的特性
- 探討影響組織購買的因素

門市特色簡介

用科技釋放人力，讓店員有更多時間服務顧客；並運用科技加深與顧客的互動：eXplore（探索）、eXperience（體驗）、eXcellent（超越）。

資料來源：https://www.7-11.com.tw/XSTORE/

「許多公司愈發睿智地將其供應商與配銷商轉變成有價值的夥伴。」

菲力普・科特勒，方世榮譯，《行銷管理學》，11版，東華。

6-1 前言

當企業如火如荼在行銷商品至個人（或家庭）時，我們也別忽視了「企業對企業」(business to business)的交易關係，尤其企業在購買決策方面更是比消費者複雜許多，企業之所以購買商品及服務的目的，乃是為了製造所行銷的商品或滿足組織的各種需求，例如公司行號、政府單位、醫院、學校皆需採購電腦設備、辦公傢具或者銀行也需大量的文具印刷等，但是每一個組織皆想降低成本及提高獲利，因此大部分企業開始懂得精打細算，面對這些企業組織，行銷人員必須了解市場的特性，以及購買決策行為模式，才能深耕客戶，面對國際化的潮流，多數企業透過網路，逐步做到供應鏈管理，進而掌握每個企業組織的需求與特性，尤其企業現在皆會思考自製與外購，不論企業選擇方式如何，皆是服務企業組織的行銷人員應切實掌握，如此商機才能源源不絕。本章將介紹組織市場的特性及型態，更重要的是了解企業購買行為模式，最後也能進一步探討影響企業組織購買所影響的因素。

廣告金句Slogan
乎乾啦！
（麒麟啤酒）

6-2 組織的特性

組織的型態基本上可分成三大類：第一、企業組織。例如：統一企業、台鹽、家樂福或者上市上櫃公司等。企業組織一般所需要的，如商品的採購、服務的提供以及將所生產的產品轉售形成批發或者零售等。例如你我最常到的便利商店，店內的各項商品與設備，皆包括上述三種方式，如同店內的產品來自各類廠商的提供，並不全然由企業自行生產。又例如店內的POS系統，及相關訓練課程初期也需由電腦公司提供教學服務，另外宅配到府與預購商品就已涵蓋了不同的產

品與服務；第二、政府組織。包括了中央政府與地方政府，就如臺北市政府推動綠色環保，希望市民愛護地球紛紛推出一系列環保政策，其中「垃圾袋」就是由臺北市政府統一採購，另一方面地方政府，例如八里左岸的設備與步道，也必須經由地方政府執行採購的程序才行；而第三類是非營利組織，包括學校、政黨、公益團體、孤兒院、非營利的醫院，實際推動社會服務的活動皆是，例如：創世基金會、心路基金會、恩主公醫院、流浪動物之家（基金會）等，在此類的機構也需購買設備，例如：創世基金會的植物人病患也需要病床與醫療設備。就以上三大類的組織型態，皆擁有以下幾項特性，我們可由圖6.1組織的特性得知。

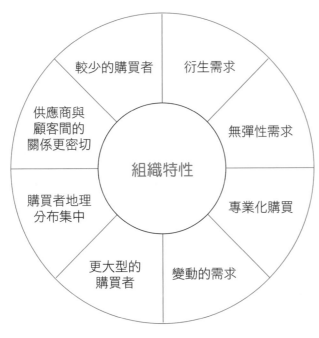

⊃圖6.1　組織的特性

參考資料：菲力普・科特勒，《行銷管理學》，11版。

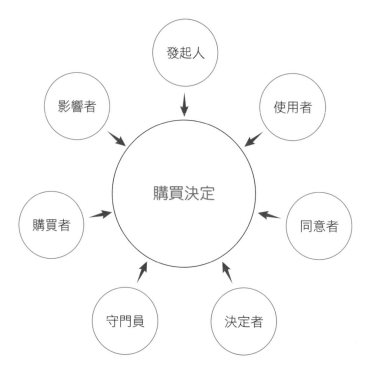

⊃圖6.2　企業購買過程之參與人員

參考資料：菲力普・科特勒，《行銷管理學》。

行銷企劃內心話

　　到企業推展業務，變數很大，除了品質要好，價格要低，否則光是層層關卡，就讓你霧裡看花。有時，忙了一整天，競爭者才一回功夫，便打通關係搶了辛苦建立的業績，因此人脈經營真是不可輕視的行銷活動！

～銷售影印機的主管

行銷部門的一天

　　在企業吹起一陣綠色風潮，可否為企業設計企業「綠化」的行銷專案？

6-3　企業的購買行為探討

在本章將探討「企業購買行為」(business buyer behavior)的模式，何謂企業購買行為？它代表組織將購買的產品與服務，用以生產其他產品與服務，並銷售、出租，或供應其他的組織，大致上來說，企業購買情況主要分成三種：

1. 直接再購(straight rebuy)

代表著購買者無須作任何修改，即直接再訂購東西，通常顧客會依先前購買的情況，決定供應商，因此，面對此種顧客，行銷人員必須隨時了解自身的品質與顧客滿意的差異程度，此項購買行為簡單來說是採購部門的例行工作，更深一層的意義在於了解公司的商品（或服務）是否已被企業購買者所接受。

2. 新購買(new task)

代表購買需經仔細的評估與研究，但在此種購買行為中，必須考慮到整體行銷組合的情形，是否能刺激企業購買的動機，在此種情況中，採購的成本與風險越高，則參與決策的人數將越多，面對這種新購買的情境乃是行銷人員最大的機會，同時更是挑戰。

3. 修正再購(modified rebuy)

代表購買者想要修改產品的規格、交易條件、價格或供應商，修正再購通常比直接再購牽涉更多的決策者，原已列入名單的供應商會想各種方法來維持顧客；另一方面，未列入名單的供應商則認為此種修正再購情況是一種機會，可能會用較佳的報價來贏取業績。

除了上述三類企業購買情況，我們應了解完整的企業購買行為模式，請參考圖6.3。

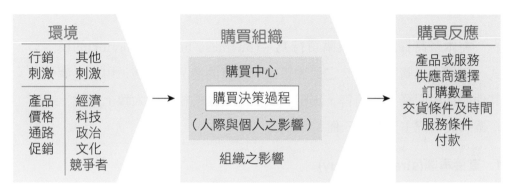

● 圖6.3　企業購買者行為模式

另外，尚有一個重要觀念，是企業購買程序的八個階段，非常有助於觀念的建立，請參考圖6.4。

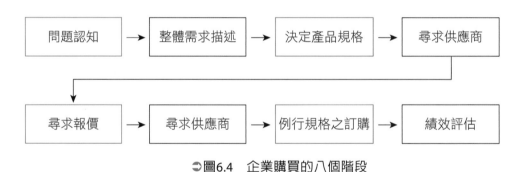

● 圖6.4　企業購買的八個階段

6-4　影響組織購買因素

Practice and Application of
Marketing Management

　　大致來看，企業購買者的影響因素可分為以下幾大項：

1. 環境因素	(1)需求水準	(2)經濟展望
	(3)資金成本供給情形	(4)技術變革的效率
	(5)政治與法令的發展	(6)競爭發展
2. 組織因素	(1)目標	(2)政策
	(3)程序	(4)組織結構
	(5)制度	
3. 人際因素	(1)權威	(2)地位
	(3)感同力	(4)說服力
4. 個人因素	(1)年齡	(2)教育
	(3)工作職位	(4)人格
	(5)風險態度	
5. 企業購買者		

 產品會客室

分享你的看法

　　金融業的客戶中，有一項「法人」，請你提供在此客戶經營中，有哪些重要關鍵因素？

焦點行銷話題

HP 惠普－如何讓營收成長 2,000 倍？

文／劉恭甫 Brain, No.430, 2012.2

全球性的資訊科技公司惠普(Hewlett-Packard)，過去在經營初等和中等教育市場大有斬獲，但是對於高等教育市場的涉獵相對較低，於是惠普決心要進入高等教育市場。可是惠普該如何順利的進入高等教育市場，讓業績成長2,050％？

第一步　確認目標市場的決策者

惠普知道最好的方式是直接和高等教育市場中的決策者－電腦工程師開啟溝通管道，說服的目標是，當客戶需要進行採購決策時，惠普將會是他們心中的第一選擇。

第二步　建立活動微型網站

另外，惠普建立了名為「教育資源網(InformEd Resource Center)」的微型網站，在這個以動畫為基礎的微型網站上，就像是一個小型圖書館，內容有專欄文章、成功案例、影片和趨勢報告，目的在幫助高等教育市場的電腦工程師學習新知識後，增進個人的能力，並改善學校的基礎建設。

第三步　建立目標客戶資料庫

完成高等教育市場電腦工程師資料庫後，每個月發送電子報，精心設計的電子報包含了產品說明、應用與促銷方案。所有的內容都集中在活動微型網站上，內容也都可以直接與惠普的產品資訊相連接。

第四步　第一年首重流量與會員數

行銷團隊每月發送電子報給註冊的會員，在產品上市後一年間，行銷團隊和會員間最主要的溝通方式就是電子報。電子報最主要的目的就是讓會員可以一直連回到微型網站，讀者可以持續了解各種資訊工程方面的議題，並瀏覽惠普產品。

第五步　第二年以產生需求和銷售為主

行銷活動第一年的重點在於運用高品質和電子報與微型網站，不斷地發送來增加會員數，但是第二年的重點則以達成業績為主。

➕ 看他們在行銷

應援經濟

　　睽違十年，世界棒球經典賽WBC正式上場，除了球賽外，有一支隊伍與中華隊躍上國際，啦啦隊21位女孩吸引鐵粉，帶動百億商機！

♥ 產品會客室

振興五倍券

　　振興五倍券是2021年10月，政府為因應疫情造成國內經濟停滯，為了刺激財政與協助產業成長，發行給全民的消費票券。

圖片來源：https://zh.wikipedia.org/zh-tw/%E6%8C%AF%E8%88%88%E4%BA%94%E5%80%8D%E5%88%B8

本章問題

1. 請選擇一家公司（例如：星巴克）討論他們的企業購買行為。

2. 你認為一家企業與消費者購買行為有何不同？

3. 請舉出企業組織購買實例。

4. 你認為尚有哪些企業組織購買行為有待加強行銷概念？

靈光
一現

我的IG企劃

請運用你的想像力，將下列的 IG 中空白處填滿，配合自己拍攝的照片與文字，企劃屬於你自己的主題。

靈光
一現

行銷隨堂筆記

請你上網找最新的或最喜歡的官網、臉書專頁、產品照，剪貼下來並分享喜歡的理由。

你の浮貼

Passion Sisters 中信兄弟啦啦隊 ✔
1小時 · ◎

【 ♥ 蜓臨昕光 ♥ 】

消息快報！😊
蜓蜓·吳蜓蜓要來啦！你沒看錯！🎉
快到櫻花昕光之櫻一睹應援女神活力風采！...... 查看更多

★粉絲專頁Sample

我喜歡

理由

▲ 資料來源：

你の浮貼

我喜歡

理由

★ 產品Sample

▲ 資料來源：

★小編文案Sample

你今天有乖乖待在家休息嗎？

之前答應我
星期六
會在家休息的人類
有沒有騙總柴啊
分享一下
你星期六在家做什麼
總柴我週日
依然在家休息

4/11

資料來源：衛生福利部臉書專頁

你の浮貼

我喜歡

理由

文案練習

▲ 資料來源：

Name   Date   評分

市場區隔 07

學習目標

- 說明市場區隔的意義與重要性
- 探討市場區隔—消費市場與工業市場
- 市場區隔的基礎

大甲鎮瀾宮，該廟是臺灣媽祖信仰的代表廟宇之一。官網提供最新消息、線上服務等，掀起廟宇網站的新頁。

資料來源：http://www.dajiamazu.org.tw/

「目前，多數的公司所犯的錯誤並非過度市場區隔，而是區隔不完全。」解決之道是將市場潛力劃分成不同的層級，對商品有高度興趣者為第一級，而這一群顧客的基本資料及心理特徵必須被紀錄下來，接著再設定第二及第三級客層。

菲力普‧科特勒，《行銷是什麼？》。商周，P.123~124。

7-1　前　言

　　回顧以往的洗髮精市場，我們可以清楚的發現市場區隔後的產品種類較為單純，就好比洗髮精與潤髮乳，或者洗髮潤髮雙效合一，前者的消費者在使用年齡與使用方式有別於後者，除此，消費者雖同時考慮了不同因素，但行銷人員依然可以明確掌握消費者的需求，進一步更能創造新的行銷需求。反觀今日的行銷，公司很難生產符合所有消費者的產品，更無法投下大量的財力、人力及物力來完成行銷效益，原因在於消費意識抬頭，並且購買的途徑越顯多元化。例如購物中心、網路購物、超市、便利商店、郵購目錄，甚至直接在網路拍賣中找到價格低廉的商品。因此，身為行銷人員，有一件事實必須清楚認知就是策略性的市場區隔。因為市場的變化快速，消費者的數量、需要及購買力是隨著政治、經濟、科技、文化等大環境而改變。因此在進行市場區隔時，一定要有策略性的眼光，同時企業必須謹慎的定義自己的目標市場，然後進行目標行銷(target marketing)。本章將介紹市場區隔的定義，讓你重新認識現今行銷市場區隔的真正意義。在第二節探討一般市場區隔的型態以及程序，在第三節介紹市場區隔的各種基礎，而最後一節中說明目標市場的意義。

7-2　市場區隔的意義與層次

廣告金句Slogan
萬事皆可達，唯有情無價。（萬事達卡）

　　在提到市場區隔(market segment)這一個專有名詞時，幾乎所有學過行銷的朋友都會想到一些解釋，例如「市場區隔就是找出目標市場」。是的，找出目標市場，但是公司所認為的目標對象是否真正能接受你的產品？尤其近年來客製化行銷普遍流行的情況下，每個消費者都有各自的商品期望，並非單純針對公司所生產的產品去找出適合的目標族群。因此，在進行市場區隔時，我們實在需要有一個完整對

「市場區隔的概念」才能在未來的行銷計畫擬定時，擁有穩定的基礎。在多數的行銷管理書籍中，對市場區隔的定義為「將一個不同性質的廣大市場，區分為有意義且相似並可以視為許多小的同質群體或區隔市場的程序，即為市場區隔」。當我們明白了市場區隔的意義後，接下來便是認知市場區隔有其不同的層次，在討論區隔化的層次之前，我們先來談談大眾行銷(mass marketing)，就好比可口可樂在以前只生產6.5盎司規格的產品，大眾行銷主要在於降低成本獲取較高利潤，以及獲得最大的潛在市場，但正如前言中所說，隨著消費者消費途徑的增加，儼然大眾行銷已不是主流，取而代之的是個體行銷(micromarketing)的方式，即為區隔化的四種層次：一、區隔行銷；二、利基行銷；三、地區行銷；四、個人行銷。

一、區隔行銷(segment marketing)

區隔(segment)與區塊(sector)是截然不同的意義，例如在面對年輕、中等收入的汽車購買者時，他們會有不同的購買期望，有的購買者在乎較低的成本，而另一群可能在意品質。但是「年輕中等收入的購買者」這句指的是區塊的意義，而非指區隔，但往往行銷人員卻混淆不清，僅僅認為年輕、中等收入的客層已經做到「區隔」，其實是不夠的。因此，行銷人員的任務在於清楚確認區隔，生產更適合的產品或服務。但值得留意的是，有時區隔是需要有彈性考量，例如大賣場中銷售的組合櫃（內含運送服務），但是當消費者希望組裝好，則另外需支付額外費用。

二、利基行銷

什麼是「利基」(niche)？是一個較小的區隔，例如落建洗髮乳（生髮凝膠）專門提供給容易掉髮或髮量較少的消費者使用，此為利基行銷。通常利基行銷的作法，是將一個區隔再次分成數個次區隔(subsegment)，或者依據一套獨特的特性，定義出一套特定的產品利益組合，用來確認公司的「利基」。相較於上述的區隔行銷，區隔行

銷能吸收較多的競爭者，但利基行銷則不然。甚至有些實行區隔行銷的大公司，往往輸給實行利基行銷的小公司。所以有些商品運用「利基行銷」能夠小兵立大功，如何辨別利基行銷的特徵：

1　菲力普・科特勒，《行銷管理學》，11版。東華，P.331。

1. 在利基市場中的顧客皆有其獨特的一組需要集合。

2. 願意支付較高的價格給公司，以追求使其需要能獲得最佳的滿足。

3. 此一利基不太可能吸引其他競爭者。

4. 利基者可透過專業化取得一些經濟方面的利益。

5. 此一利基具有足夠的規模、利潤及成長的潛力[1]。

三、地區行銷

　　地區行銷是公司將目標市場鎖定在區域（或地區），並針對此區域的顧客群設計能符合顧客需要的行銷方式，例如有些公司的產品只針對都會區行銷或者北部地區行銷，除了降低廣告與行銷成本的考量，最重要的是減少為配合不同區域市場需要的後勤服務問題。

四、個人行銷

　　近來，尤其在金融服務燃起了「一對一行銷」(one-to-one marketing)或顧客化行銷(customized marketing)（或稱客製化行銷）。其實在數百年以來，多數行業皆將顧客視為個人服務，例如皮鞋鞋匠依個人的需求製造皮鞋。但隨著時代的演變，逐漸走向「大眾顧客化」(mass customization)，是以大眾為基礎，從事大量個人產品與溝通方案的設計，期能符合每個顧客的需求，因此公司應該了解行銷可建立在個人層次上，而作法可朝兩個方面進行，也就是個人與大眾顧客化行銷。

🖥 行銷企劃內心話 --

「常常在做市場區隔的同時，會面臨『區隔不完全』或過度樂觀的情況，此時可以消費者接受度高的一群為優先，試銷的對象，若反應不理想，則要儘快調整。」

～消費品行銷人員的心聲

❖ 行銷部門的一天 --

當你漫步在街頭，眼光已被丹堤、85℃咖啡、路易莎咖啡、cama咖啡、壹咖啡等眾多咖啡連鎖店所淹沒，面對一群十分類似的顧客，下列有一張圖表，可否填寫你對它們的想法，可以用任何字眼形容目標客戶。

店　　名	目標客戶的特徵或描述

※ 僅列出其中一小部分的咖啡連鎖業者作練習。

7-3　市場區隔的型態與程序

Practice and Application of
Marketing Management

在第一、二節我們已經對市場區隔有了初步的了解，但是在實務方面，我們必須建立並決定屬於自己公司產品或服務的市場區隔型態，並且加以有效確認市場區隔，即為進行市場區隔的程序。本節介紹的市場區隔型態為「偏好區隔」(preference segment)，此種區隔型態包括以下三種：

1. **同質性**：代表顧客的偏好大部分相同的市場，見圖7.1(a)可了解市場在二種屬性下並沒有自然區隔，因此可以預測市場現有品質皆相似，且處於二種屬性偏好的中間。

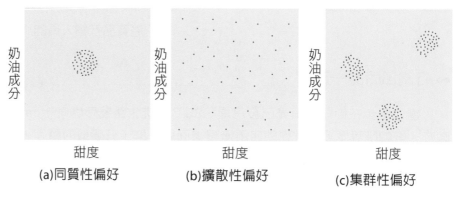

(a)同質性偏好　　　　　(b)擴散性偏好　　　　　(c)集群性偏好

⊃圖7.1　基本的市場偏好型態

參考資料：菲力普・科特勒，《行銷管理學》，11版。東華，P.338。

2. **擴散性偏好**：從圖7.1(b)可發現擴散性偏好恰好與(a)同質性偏好相反，顧客的偏好可能散落在各處，代表顧客對產品有著不同的需求。

3. **集群性偏好**：從圖7.1(c)中看出，若有新進入市場的公司，可以有三種選擇，公司可選擇定位於圖中，以吸引所有不同的顧客群，或者可以發展不同的品牌，分別定位在三種市場區隔內。

市場區隔化的程序

　　談到市場區隔化的程序，普遍以「需要」作為基礎，我們稱為「以需要為基礎的市場區隔化方法」(needs-based market segmentation approach)，可以Roger Best提出的七個區隔化程序做說明（表7.1）。

📋 表7.1　區隔化程序的步驟

需要為基礎的區隔化	說　明
需要為基礎的區隔化	在解決某特定消費問題時，依據顧客的類似需要與追求的利益，將顧客分成幾個區隔。
區隔的確認	針對每個以需要為基礎的區隔，判定哪些人口統計、生活型態及使用行為，可讓區隔之間產生差異，且為可辨認（與可採行動）的。
區隔的吸引力	使用預先確定區隔吸引力的判定準則（如市場成長、競爭密集度及市場可接近性等），來決定每一個區隔的整體吸引力。
區隔的獲利力	確定區隔的獲利力。
區隔的定位	針對每一區隔，發展一個「價值命題」及產品－價格定位策略，其以區隔的獨特顧客需要與特徵作為基礎。
區隔的「檢驗」	發展「區隔記事板」(segment storyboard)，以檢驗每個區隔策略的吸引力。
行銷組合策略	擴展區隔定位策略至含括行銷組合的所有層面：產品、訂價、促銷及通路。

摘自Roger J. Best, Market-Based Management (Upper Saddle River, NJ: Prentice Hall, 2000)。

　　最後行銷人員必須經常審視的事，就是市場區隔是否已發揮至最大效用，適度進行調整與加強。

靈光一現

👤 焦點行銷話題

郭元益不忘本－上下服務一把抓

文／盧珮如　范碧珍，突破雜誌，No.227, P.112~117

「婚紗、喜餅、彌月、抓周」形成一個完整脈絡服務機制，也難怪郭元益能如此屹立不搖，成為消費者心目中的理想品牌了！

今天的郭元益，將喜餅業做到極致。將吃喜餅的流程向上發展成郭元益婚紗，讓新人從買喜餅、挑婚紗，都能有品質一致性的選擇；也將喜餅的流程向下延伸，新手父母喜獲麟兒後，也能在郭元益挑選彌月蛋糕，甚至每個月舉辦滿週歲嬰兒的抓周收涎活動，這項同業少見的服務性質活動，在新手父母間蔚為風潮，報名每每爆滿。而郭元益懂得保持傳統好味道，創新格新品牌形象，又能囊括上下週邊產業，「婚紗、喜餅、彌月、抓周」形成一個完整脈絡服務機制，也難怪郭元益能如此屹立不搖，成為消費者心目中的理想品牌了！

資料來源：管理雜誌，No.450。

郭元益不只是百年老店，而是百年企業

謝明玲，天下雜誌，特刊26號，P.58~59。

一個品牌能經營超過百年，不是一件小事，飲料巨擘可口可樂算一算也只有100年歷史，來自臺灣的郭元益，卻以138年的悠久歷史，橫跨3個世紀，傲視臺灣所有產業。

四代相傳的老企業

話說郭元益的源由，要從清穆宗同治六年（西元1867年）說起，當年由福建彰洲渡海來臺的郭樑楨，落籍於臺北士林，與妻子白手起家開設了糕餅小餅舖（土礱間），並以祖厝的「元益」堂號做為店號，直到第三代郭欽定才將「元益」冠上郭姓而成「郭元益糕餅店」。

價值創新的意義

1. 拉法頌是創造一個「新」喜餅的概念。
2. 包括視覺與知覺的傳播認知。
3. 拉法頌更有效地將郭元益由產品品牌推向企業品牌。

直到1976年，由第四代郭家四兄弟接手經營。

喜餅業的隱憂

喜餅一年的市場量約50幾億，這個數字是從一年有16萬對結婚新人為基礎。

老店的「百年」迷思

產品本身都可能是限制。「老」與「傳統」也可能意味著消費者看待的陳舊眼光。

這幾年，郭元益很有危機意識。他們發現，每年出生的嬰兒越來越少，意味著二十五年後適婚人口也將減少，尚不論其中有許多是沒有訂餅習俗的外籍配偶，喜餅市場因而不斷萎縮。接著，許多強有力的競爭者如白木屋也相繼跳入。

他們因此力求轉型，卻發現自己必須仔細審視在消費者眼中的「郭元益」，到底在賣什麼？

郭元益必須擴大定位，從「賣餅的店」，變成「賣幸福的店」，才能擺脫畫地自限。兩年前，他們把自己定位成「幸福家庭的設計師」，而開始婚紗的多角化經營。

7-4　市場區隔的基礎

Practice and Application of
Marketing Management

在本節主要介紹消費市場與工業市場的區隔化變數，分別在表7.2與表7.3。

在表7.2中可看見四項主要的區隔變數：

1. 地理性區隔化(geographic segmentation)

代表公司可將市場分為如國家、區域、城市、郡，或鄰近區域等地理單位，進行不同地理區域的行銷活動，在表7.2中地理性區隔化變數中更細分了四個變數：(1)區域；(2)城市或都會區的大小；(3)密度；(4)氣候。

2. 人口統計區隔化(demographic segmentation)

則以基本的人口統計變數將市場分成許多不同的群體，包括：年齡、家庭人數、家庭生命週期、性別、所得、職業、教育、宗教、種族、世代、國籍以及社會階級。一般來說，人口統計變數是多數行銷人員經常使用的區隔基礎，但是其中部分變數的運用可是需要十分小心。例如年齡與生命週期經常是令人感覺訝異的變數，好比在汽車市場中偶爾會出現較特殊的現象，當汽車被定位在適合年輕族群的車款時（原因常是價格較低），但結果是購買者卻分布不同年齡層，所以在此例中，可以了解到購買此款的目標族，並非實際的生理年齡，而是心理方面自我認定年輕者。另外，在性別方面，表7.2中的性別類別只包括男性以及女性，其實隨著時代的進步，所謂中性這個族群已蔚為一種風潮，在許多商品的設計上（如運動用品、服飾、個性化商品已不像往昔的女性風格或男性風格）。除此，同性戀也隨著社會風氣的開放漸漸獨樹一格，市面上也有以同性戀為目標族群的商品或商品專賣店產生。任何人口統計區隔變數有賴於市場資訊的整合與分析，選擇適當的區隔變數，才能確實區隔目標市場。

表7.2　消費者市場主要的區隔化變數

	地理性
地理性區域	太平洋地區、山區、西北部中央區、西南部中央區、東北部中央區、東南部中央區、南大西洋地區、中大西洋地區、新英格蘭地區
城市或都會區的大小	5,000以下；5,000~20,000；20,000~50,000；50,000~100,000；100,000~250,000；250,000~500,000；500,000~1,000,000；1,000,000~4,000,000；4,000,000以上
密度	都市、市郊、鄉村
氣候	北部氣候、南部氣候
年齡	6歲以下；6~11；6~19；20~34；35~49；50~64；65歲以上
家庭人數	1~2人；3~4人；5人以上

📋 表7.2　消費者市場主要的區隔化變數（續）

	人口統計
家庭生命週期	年輕、單身；年輕、已婚、無小孩；年輕、已婚、最小的孩子小於6歲；年輕、已婚、最小的孩子大於6歲；年紀大、已婚、有小孩；年紀大、已婚、無小孩年齡在18歲以下；年紀大、單身；其他
性別	男、女
所得	$10,000以下；$10,000~$15,000；$15,000~$20,000；$20,000~$30,000；$30,000~$50,000；$50,000~$100,000；$100,000以上
職業	專門職業與技術人員；經理人員、公務員及老闆；職員、銷售人員；工匠；監工；操作員；農人；已退休者；學生；家庭主婦；失業者
教育	小學或小學以下；中學肄業；中學畢業；大學肄業；大學畢業
宗教	天主教、基督教、猶太教、回教、印度教、其他
種族	白人、黑人、東方人、西班牙人
世代	嬰兒潮世代、X世代
國籍	北美洲人、南美洲人、英國人、法國人、德國人、義大利、日本人
社會階級	下下層、下上層、勞動階層、中等階級、中上層、上下層、上上層
生活型態	文化導向、運動導向、戶外導向
人格	壓迫者、合群者、權威者、野心者
使用時機	一般的時機、特殊的時機
	心理方面
使用者狀況	未使用者、曾使用者、潛在使用者、第一次使用者、經常使用者
使用率	輕度使用者、中度使用者、高度使用者
忠誠度	無、中等、強烈、絕對
	行為方面
購買準備階段	不知道、知曉、注意、有興趣、有慾望、企圖購買
對產品的態度	熱衷、正面態度、無差異、負面態度、懷有敵意
利益尋求	品質、服務、經濟、速度

資料來源：菲力普・科特勒，方世榮譯，《行銷管理學》，11版。東華，P.341。

📋 表7.3　工業市場主要的區隔化變數

人口統計方面
1.　產業：我們應該專注在哪種產業？
2.　公司規模：我們應該專注在何種規模的公司？
3.　地理位置：我們應該專注在哪個地理區域？

作業性變數
4.　科技：我們該專注在何種顧客科技？
5.　使用者或非使用者狀態：我們該專注在高度、中度、輕度使用者或非使用者？
6.　顧客能力：我們該專注在需要較多服務或較少服務的顧客？

採購方式
7.　採購功能組織：我們該專注在高度集權式採購組織或高度分權式採購組織？
8.　權力結構：我們該專注在以工程為主導，或以財務為主導，或其他以功能為主導的公司？
9.　現行關係的本質：我們該專注在與現行關係密切的公司，或專注在尚待開拓業務關係的公司？
10.　一般採購政策：我們該專注在租賃公司、簽訂服務契約的公司、系統採購的公司，或招標採購的公司？
11.　採購準則：我們該專注在重視品質的公司、重視服務的公司，或重視價格的公司？

情境因素
12.　緊急情況：我們該專注在需要快速且立即運送或需要服務的公司？
13.　特定用途：我們該專注在產品的特定用途或所有的一般性用途？
14.　訂購數量：我們該專注在大訂單或小訂單？

人員特徵
15.　購買者－銷售者相似性：我們該專注在那些人員與價值觀和本公司類似的公司嗎？
16.　對風險的態度：我們該專注在承擔風險或逃避風險的顧客？
17.　忠誠度：我們該專注在那些對供應商具高度忠誠的公司嗎？

資料來源：摘自Thomas V. Bonoma and Benson P. Shapiro. Segmenting the Industrial Market, 1983. 取得Benson P. Shapiro同意刊載。菲力普・科特勒，方世榮譯，《行銷管理學》，11版。東華，P.352。

3. 心理特徵區隔化(psychographics segmentation)

　　根據購買者的人格、價值觀以及生活型態作為不同市場的心理區隔，尤其不同「年級」的族群，例如四年級生（指的是民國四十幾年次），五年級生（指的是民國五十幾年出生）等，到現在流行的七年級生，或者另一種流行說法：X世代、Y世代、N世代，每一代皆有各自的價值觀，行銷人員可以運用人格特性（或個性）來營造品牌，以達到與顧客的個性相呼應。例如：耐吉NIKE(Just do it!)有一種率性與自我的個性表現。另外，談到「價值觀」就如上面所談到每一個世代皆有各自的目的核心價值觀，例如：四、五年級保守、勤儉，認為東西可以用就好，但七年級生卻要求跟得上流行，或者只要我喜歡有什麼不可以！所以我們可以經常在許多廣告詞中發現代表不同世代的聲音，只要掌握代表價值觀的關鍵語句，能打動人心的詞句，就能與顧客心靈對話，好比「生命就該浪費在美好的事物上」便令許多人的內心湧起許多共鳴。此外，心理區隔變數尚有「生活型態」，就如大臺北地區的生活型態絕對有別於鄉鎮，又如科學園區的生活型態亦有別於一般公務員的生活型態。因此，行銷人員應該留意每種不同生活型態的消費心理與行為，才能提供最適當貼心的服務內容。

4. 行為區隔化(behavioral segmentation)

　　變數包括使用時機、利益尋求、使用者狀況、使用率、忠誠度、購買準備階段以及對產品的態度等，如何運用得當，有賴公司全體人員及行銷人員細心觀察，同時也利用電腦分析顧客資料，藉以更進一步了解顧客。除了消費市場的區隔變數之外，在表7.3中顯示工業市場的區隔變數，本章除了介紹以上的區隔方式之外，行銷人員必須擁有策略性的市場區隔，尤其菲力普・科特勒更強調一個重要觀念，市場變化的速度比行銷變化的速度更快，行銷人員更是要謹慎的定義目標市場。最後，菲力普・科特勒大師近來更提出了區隔化的方法，這些項目能具體幫助公司在區隔化的參考方向。

(1) **產品**：特色、性能、適用性、耐久性、可靠性、修復性、風格、設計。

(2) **服務**：運送、安裝、顧客訓練、諮詢、維修。

(3) **人員**：能力、禮貌、信用、可信賴度、回應速度、溝通能力。

(4) **形象**：標誌、文字、聲光媒體、氣氛及活動。[2]

　　最後，有句古諺語說：「如果你同時追逐兩隻猴子，兩隻都會逃跑。」

2　菲力普・科特勒，《行銷是什麼？》。商周，P.122。

➕ 看他們在行銷

分享你的看法

　　優酪乳市場向來競爭激烈，可否針對統一、光泉、味全及林鳳營等品牌之差異作說明？

靈光一現

文／編輯部 Adm, NO.341 JUNE

焦點行銷話題

黑松沙士陪你敢傻七十年 - 攜手茄子蛋復刻經典 MV「我的未來不是夢」

　　2020年，是黑松沙土七十週年的里程碑，七十年來黑松沙士一直在臺灣陪伴消費者，與臺灣一同成長。黑松沙土品牌經理王瑋表示，近三十年來黑松沙士持續以「夢想」作為品牌溝通的切入點，期望黑松沙士不只是臺灣的碳酸飲料，更希望透過每一瓶黑松沙士，給每一個世代年輕人勇敢逐夢的勇氣。

　　在七十年重要時刻，黑松沙土邀請臺式搖滾流行樂的人氣樂團，同時也是金曲樂團的「茄子蛋」擔任品牌代言人，請他們重新詮釋黑松沙士的經典廣告歌曲「我的未來不是夢」，不只是讓經典歌曲再次傳唱，更希望把黑松沙士堅持的「敢傻」精神繼續傳承。

以音樂行銷穿透人心

　　近幾年來，黑松沙士以音樂行銷為主要操作策略，王瑋說：「音樂可以豐富廣告，尤其是品牌在傳達訊息時，音樂是最能感動人心的元素之一」。此次攜手茄子蛋，是黑松沙士發現他們的經歷、創作過程、團體風格，都與黑松沙士在地品牌、長期經營、鼓勵敢傻的精神不謀而合。

　　土瑋指出，黑松沙士與茄子蛋攜手演繹的MV，串連了6個臺灣人經歷過的有感片段，在此時此刻，傳達「不好的事情會過去，好的事情持續努力」的核心理念，也表達黑松沙土不只陪你走過七十年，未來也會持續與消費者站在一起的承諾。

　　影片上線一週，在YouTube上的點擊數衝破兩百萬次，且締造很好的完整觀看表現，消費者在影片的正面留言數高於以往、點讚比例最優，感動不少網友主動分享自己的心情片刻，或主動找出當年的廣告相互輝映，還吸引博客來OKAPI小編主動分享，也有不少網友透過街舞、插畫等二創，向黑松沙士的經典致敬。

社群互動活躍擴大影響力

　　以MV為主軸的黑松沙士七十週年影片，除了一般的網路廣告投放外，同時採用歌曲宣傳的策略，在線上音樂平臺KKBOX中創立黑松沙士專屬品牌歌單，並搭配廣告版位露出，除了擴大聲量外，也豐厚廣告的音樂藝術性。

　　陪伴臺灣人走過七十年的黑松沙土，此刻也特別推出七十週年MV，如同影片最後的旁述，「敬70年來每個勇敢追夢的你，陪你敢傻70年」，品牌希望透過正面的廣告影片，帶給民眾更多力量，一起昂首向前。

➕ 看他們在行銷

請分享7-11微波食品、生鮮蔬果及關東煮的目標市場。

照片來源：www.7-11.com.tw

♥ 產品會客室

分享你的看法

　　近來兩岸交流逐漸開放，倘若公司希望在中國大陸開拓商機，並自創品牌，你能否以消費品為例，替公司定義一個新目標市場，並列出目標市場的各項變數。

本章問題

1. 何謂市場區隔？說明它的定義及有幾項主要變數。

2. 請針對近來市面流行的Switch，分析它的主要目標市場？

3. 你認為在進行市場區隔時，哪幾項因素是最重要的？

我的IG企劃

請運用你的想像力，將下列的 IG 中空白處填滿，配合自己拍攝的照片與文字，企劃屬於你自己的主題。

行銷隨堂筆記 ➕

請你上網找最新的或最喜歡的官網、臉書專頁、產品照,剪貼下來並分享喜歡的理由。

你の浮貼

7-ELEVEN.

門市查詢 / 抽獎辦法與注意事項

本 期 優 惠 ＞
CITY CAFE ＞
小 七 食 堂 ＞
預　　　購 ＞
寄　　　件 ＞
服　　　務 ＞

★官網Sample

我喜歡 ⋯⋯⋯⋯⋯⋯

理由 ⋯⋯⋯⋯⋯⋯

▲資料來源: 🔍

你の浮貼

我喜歡 ⋯⋯⋯⋯⋯⋯

理由 ⋯⋯⋯⋯⋯⋯

★產品Sample

▲資料來源: 🔍

★小編文案Sample

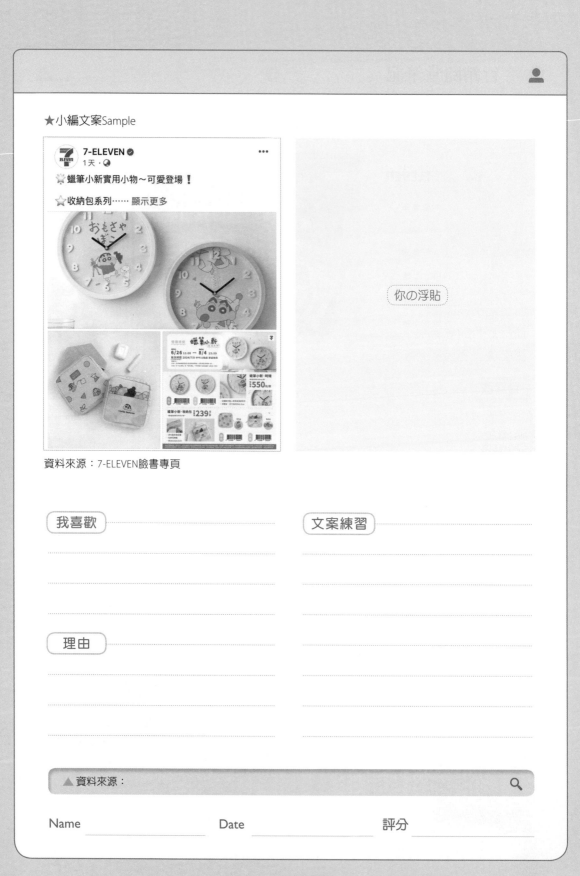

7-ELEVEN ✔
1天 · 🌐

🌟 蠟筆小新實用小物～可愛登場！

⭐ 收納包系列…… 顯示更多

資料來源：7-ELEVEN臉書專頁

你の浮貼

我喜歡

文案練習

理由

▲ 資料來源：　　　　　　　　　　　　　　　　　　🔍

Name　　　　　　　　　　　Date　　　　　　　　　　評分

產品策略 08

- 了解產品的意義與產品層級
- 認識產品與設計
- 產品組合的意義與內涵
- 認識產品包裝與設計

Mister Donut在甜點分為許多系列，例如：巧克力多拿滋系列、波堤系列、歐菲香系列等等系列，並且在甜點上改變了造型，和其他甜甜圈店相較具有優勢。

資料來源：https://www.misterdonut.com.tw/

「設計適用於產品，也適用於服務。走進星巴克買咖啡，你就會體會到環境設計的重要。

菲力普・科特勒，《行銷是什麼？》。商周，P.201。

8-1 前言

Practice and Application of
Marketing Management

　　我們常發現在便利商店的產品總是令人覺得變化多端！從微波便當到i-cash儲值卡、甚至奧運紀念品，樣樣都讓消費者在逛完一圈後，便「一次購足」。就這些產品而言，每項特色都可以是一次活動主題產品策略的規劃與執行，是自為行銷人員不可忽略的一環。因為競爭者時時在推出因應時節的產品，光光一個世貿展就足以吸引成千上萬的人潮，在開放的資訊環境中，早已讓消費者目不暇給。因此產品策略是行銷企劃中最關鍵的部分，它往往是拉近顧客距離的功臣。好的產品設計將稍稍增加附加價值，本章將分析產品的層次與組成要素。另外，也說明產品組合的意義與目的，最後介紹產品生命週期的應用。

　　「設計」適用於產品，也適用於服務。走進星巴克買咖啡，你就會體會到環境設計的重要[1]。優秀的設計，需要考慮顧客從取得產品、使用產品到丟棄產品的所有細節。最基本的就是要了解目前顧客是誰[2]。

　　2005年天下雜誌的封面上出現了「設計力」讓臺灣企業翻身（329期）的報導，為何說是設計力呢？在本章主題產品策略前，我們需要來思考在本章開場白，行銷大師菲力普・科特勒所提到的兩句話，再配合天下雜誌的封面話題，不難點出產品策略已有改變。在傳統的產品策略中，我們主要談到產品的層次、產品的分類、產品線內容長度與寬度以及產品組合。但在本章，我們需要掌握現在的趨勢，即了解產品與設計之間的重要性，回到「產品」兩個字，你第一個印象是什麼？哪一個產品曾令你使用後又再使用，原因是什麼？又或者哪一個商品曾造成你的負面印象？是的，產品的好壞是絲毫不能逃過顧客的直接反應，但談起3M的無痕掛勾，就能令許多人印象深刻。3M公司對產品創新的堅持，不時帶給消費者滿意的感受；又如麥當勞的「得來速」購物快速，服務不敢說百分之百的成功，但貼心的想到顧客的需要，也是一個不錯的產品策略；另外，7-11對產品的經營，總是創造一次又一次的佳績，因此，「產品策略」可以說是行銷中的靈魂！

1 菲力普・科特勒，《行銷是什麼？》，商周。

2 菲力普・科特勒，《行銷是什麼？》，商周。

廣告金句Slogan
什麼最青？
（臺灣啤酒）

產品的意義與分類

Practice and Application of
Marketing Management

　　談到產品「Product」，你可能想到實體的商品或無形的服務，但從此刻開始，我們必須擴大對產品的認知。菲力普・科特勒大師對產品的定義為：「產品(Product)係指可提供於市場上，並滿足慾望或需要的任何東西。可作為行銷對象的產品包括實體產品、服務、經驗、事件、人物、地點、所有物、組織機構、資訊及理念。[3]」就上述對產品的定義看來，我們更應著重產品的專業能力。例如：行銷實體產品的經驗與做法有別於以經驗為產品，同時每一項產品皆有其獨特性與市場考量。但是當公司的產品開始發展時，或者產品種類繁複，如何規劃出成功的產品策略，首先就必須對產品的層次有深刻的認識，一般來說，產品包括五種層次，見圖8.1所示。

3　菲力普・科特勒，《行銷管理學》，11版。東華，P.486。

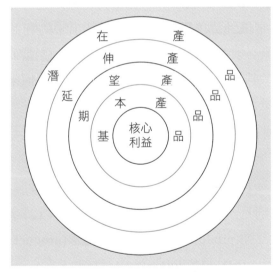

➲ 圖8.1　產品的五種層次

資料來源：菲力普・科特勒，《行銷管理學》，11版。東華，P.487。

　　從圖中最中心的部分稱為核心利益(core benefit)，也就是消費者真正想要購買的服務或利益，正如飯店的房客真正想獲得的是良好的睡眠環境。由此項的核心利益往外至第二層次「基本產品」，此時行銷人員將顧客所需的核心利益轉換成基本產品(basic product)，所以

符合顧客核心利益所需有的基本產品應包括一張床、桌子、衣櫥、浴室及清潔用品。接下來往外至第三層次期望產品(expected product)，行銷人員則進一步符合顧客期望，例如：乾淨、舒適的床、消毒過的浴室等，讓住進飯店的顧客滿足原先的期望。在第四個層次「延伸產品」(augmented product)，在這一個層次是行銷人員的另一種挑戰，正如在前面所說的「設計」，尤其現在的消費者選擇變多，消費能力提高，行銷人員如何提昇產品的附加價值，正是消費者所在乎的。菲力普・科特勒在新著《行銷是什麼？》更是指出一個設計得很好的產品除了引人注目之外，還應符合下列條件：(1)包裝很容易開啟；(2)組裝很容易；(3)很容易學習如何使用；(4)很容易使用；(5)很容易修理；(6)很容易丟棄。另外他更指出優秀的設計，需要考慮顧客從取得產品、使用產品、到丟棄產品的所有細節。最基本的就是了解目標顧客是誰[4]，因此延伸產品就好比提供產品設計。例如在飯店中的例子，延伸產品好比住宿之外，旅客還可獲得周邊商店的優惠服務，或者提供商務或旅遊的諮詢服務等。但值得留意的是，在運用延伸產品策略時，(1)要審慎計算所需成本；(2)引伸出來的利益迅速成為期望利益，行銷人員必須考慮到如何滿足顧客需要；(3)當公司因延伸產品而提高售價時，其他競爭者或許背道而馳，採用低價策略回應。最後最外圍的層次是潛在產品(Potential product)，行銷人員可以觀察引申產品或各種轉換的產品形式，很可能在不久的將來成為主力商品，這類商品稱為潛在商品。

另一方面，我們可就產品之五個層次，可發展如以下產品的層次，它們分別是：(1)需要族(need family)；(2)產品族(product family)；(3)產品類(product class)；(4)產品線(product line)；(5)產品型(product type)；(6)品目(item)[5]。

以下為六個產品層級的意義：

(1) 需要族：在產品族下的核心需要。

(2) 產品族：所有能或多或少滿足某一核心需要的產品類。

(3) 產品類：一組在產品族內的產品，其在某些功能上很相似。

4 菲力普・科特勒，《行銷是什麼？》。商周，P.199~201。

5 菲力普・科特勒，《行銷管理學》，11版。東華，P.490。

(4) 產品線：一組在產品類中，只有密切關係且功能相近似，或經由相同通路的行銷方式，或在相同價格範圍內的產品。

(5) 產品型：在同一條產品線內，具有一種共同產品形式的品目所組成。

(6) 品目：係某種品牌或產品線中的區別單位，可依尺寸、價格、外觀或其他屬性加以區分[6]。

6 菲力普·科特勒，《行銷管理學》，11版。東華，P.490。

當我們了解產品層級之後，接下來的課題是如何做好產品設計，我們將於下一節做進一步介紹。

靈光一現

焦點行銷話題

大同電鍋－打造跨世代長尾商品

黃亦筠，天下雜誌，特刊26號，P.70~71

長銷半世紀，被喻為「全民電鍋」的大同電鍋，換上新裝。

大同電鍋何以能成為不被淘汰的長尾產品，甚至時代圖騰？

大同電鍋是臺灣第一個電鍋，從民國49年上市至今，賣出近1,300萬個，全臺家戶數也不過650萬戶，幾乎每戶至少一個，有超過九成的驚人市占率。

這最老的「全民電鍋」，到明年就滿50歲。2008年大同還請亞洲最大設計公司浩漢設計，重新為大同電鍋打造具現代感的外貌，還得到德國iF設計大獎，依浩漢設計再改良上市的新大同電鍋，準備在下半世紀打一條新路。

大同甚至推出迷你版玩具電鍋，一個月也有上萬銷量，年輕人趨之若鶩，還有腦筋動得快的餐廳拿來當餐具，增加復古新鮮感。

High touch 的長尾產品

大同電鍋屬於high touch商品，功能步入成熟期，復古氛圍營造出經典感，即使技術沒有太偉大的變化，但是掌握到消費者不變的需求。

大同電鍋抓住使用上的方便性，和符合人性的一鍋多用途。「每個時代有每個時代的需求，誰能滿足需求誰就是贏家。」陳文龍分析。

靈光
一現

👤 焦點行銷話題

品牌發揮 "綠色創意" 愛環境

文／陳藝莓 Brain, 2023.12, P90-93

　　根據富士比指出，有76％年營收超過百億美元的企業經營者表示，ESG（環境保護社會責任與公司治理）的行動是企業當前的首要任務，不僅企業界饗應，還有一些創作者藉由歌曲、畫作與動漫，例如：德國藝術家Stephanie Hermes的作品－The Little Trashmaid，從畫中可以看到小美人魚身上穿的不是貝殼造型的上衣，而是套著垃圾塑膠袋，除了藝術人士呼籲外，以下為各國政府與企業品牌所做的實際行動：

1. 法國

　　因法國政府規定，有20個座位以上的餐廳需要提供可重覆使用與清潔的餐具，所以麥當勞饗應，與巴黎工作室eliumstidio攜手合作，推出一系列兼具環保及美學的餐具，在材質採用100％可回收的環保物質 "Tritan" 製成薯條筒、雞塊盒與飲料杯，以及醬料杯，其硬度透明度相似於陶瓷或玻璃，同時也貼上防盜貼紙，避免遺失外也可追蹤餐具是否正確被使用。

2. 用乾燥葫蘆取代塑膠包裝

　　研究顯示，一個塑膠袋平均分解時間需要數百年到千年，因此各大品牌都陸續推出天然包裝，創意代理商Synthesis發現用乾燥中空葫蘆來包裝農產品（例如：乾果與堅果），配合軟木塞紙袋密封，就成為塑料包裝的永續替代品。

8-3　產品包裝與設計

Practice and Application of
Marketing Management

　　包裝「packaging」往往是令顧客願意掏出荷包的關鍵因素，例如：香水的包裝設計精緻且帶有美感與時尚，到底如何透過包裝設計來提昇產品的形象與價值？以及包裝應注意哪些事項？才能既環保又美觀。首先，我們先了解包裝的意義為何？它指的是替產品設計與生產容器或包裝材料的活動，容器或包裝材料即為包裝[7]。同時，包裝是許多行銷人員認為的第五個P。一般來說，包裝可分為三個層次：(1)香水的瓶子（主要包裝）(primary package)；(2)香水外的紙板盒（次要包裝）(secondary package)；(3)裝有一打香水的紙箱（運送包裝）(shipping package)。簡單地說，包裝通常包括產品實體的容器、外面的容器與標籤、內部的說明指示等。產品為何需要包裝？以下是產品包裝的用途：

7　菲力普・科特勒，《行銷管理學》，11版。商周，P.522。

1. **保護作用**：例如砂糖、果汁或其他可分割的物品，必須以包裝加以保護，同時保存，才能使產品得以運送儲存和處理。

2. **使用作用**：可以使產品容易使用和再儲存，或者，當產品用完之後，包裝可供再次利用（環保包裝）。

3. **與顧客溝通**：有些產品需透過包裝來與顧客互動，包括使用說明、櫥窗展示等，例如：百貨公司或專賣店的櫥窗呈現。

4. **市場區隔作用**：有些商品在內容成分上相同，公司為了區隔不同市場，通常以產品包裝進行差異化。

5. **通路合作之作用**：產品的包裝設計，因通路合作關係而有所不同，目的是進行更進一步的合作關係，避免因相同包裝而有通路衝突。

6. **新產品之推廣**：當公司推出一項新產品時，為了吸引消費者注意，通常會運用包裝手法來加強產品印象。

　　除上述的包裝之外,我們尚需了解「標籤」。因上述的主要包裝中,包括不同型式的標籤,標籤的設計也是整體包裝的一部分,有時我們也可用它來加強產品本身的設計。標籤是附在產品上的紙籤,用來辨識(identify)產品或品牌,有些商品被要求列印一些商品資訊,例如:藥品必須清楚標示成分與注意事項、衛生福利部食品藥物管理署核准字號等。

　　最後,產品更需包裝與設計的理由如下:

1. 越來越多的產品是以「自助式」方式陳列在賣場,因此,更應思考包裝的設計。

2. 顧客願意花多一點錢來購買包裝美觀的產品。

3. 創意的包裝將帶動消費新趨勢,增加公司的利潤空間。

♥ 產品會客室

NIKE
　　JUST DO IT 品牌精神活絡於各年齡層,帶給生活正能量!

8-4 產品組合

Practice and Application of Marketing Management

產品組合(product mix)又稱產品搭配(product assortment)，為所有產品線與品目的集合，係一特定的銷售者提供給購買者的一切品目。如何看待產品組合？我們可用以下的項目說明：

1. **產品組合的寬度(width)**：意指該公司有多少條不同的產品線。

2. **產品組合的長度(length)**：意指其產品組合中品目的總數。

3. **產品組合的深度(depth)**：意指在產品線中每項產品提供多少變數，如果黑人牙膏包含三個規格與三種配方（一般、薄荷以及水果配方），則黑人牙膏的深度為九。

4. **產品組合的一致性(consistency)**：意指各產品線在最終用途、生產條件、配銷通路或其他方面的相關程度。

因此，行銷人員可以上述四項作為擴展事業版圖的方式，更重要的是隨時檢視產品的發展與產品線管理是否得宜。

👤 焦點行銷話題

看波蜜創意出擊，就是要「打」年輕人

文／張涵妮 Brain. NO.519 2019.07

說到果菜汁，先不論喜歡與否，許多人腦中浮現的第一個產品十之八九會是「波蜜果菜汁」。於1975年上市的波蜜果菜汁，自久津實業生產，2002年，以一句響亮的「青菜底呷啦～」，讓人印象深刻，之後亦不斷推出內容詼諧、有趣的廣告，引人關注。

發現問題，蔬果攝取不足

根據衛生福利部國民健康署2017年健康促進業務推動現況與成果調查(HPSS)結果顯示，臺灣18歲以上成人每日攝取「3蔬2果」比率僅達13.8％（男性

10.5％、女性17％），雖然較前年略升，但臺灣人仍普遍蔬果攝取不足，導致營養不均衡。

品牌定位，不只「吃青菜」，還要「均衡」

那麼，超過40年歷史的波蜜果菜汁，一路走來又是如何透過推陳出新的廣告宣傳，鞏固既有市場，同時維持產品熱度？

1975年，波蜜開始生產RTD (Ready-to-Drink)飲品，也就是能直接拿來飲用的飲品，如易拉罐、瓶裝等。林孝杰笑說包裝飲品在當時不普遍，只要工廠生產得出來，幾乎都賣得掉！」。

喚醒意識，最終刺激消費

人會老，品牌當然也會老。我們時有所聞，業界一些老品牌，因為許久未出新品、或是缺少投資，導致默默收攤。

2020，張誌家－老外篇「青菜底呷啦」

波蜜於2002年找來臺灣棒球好手張誌家代言，以「三餐老是在外，人人叫我老外！」的洗腦臺詞，搭配「青菜底呷啦～」的道地臺灣話，吸引不少人重新關注波蜜，不僅「三餐老是在外，人人叫我老外！」獲得《動腦》2003年廣告流行語金句獎佳作，「青菜底呷啦～」也入選2007年十大廣告金句。

2011，金城武篇「均衡，是地球的真理，也是你身體的道理。」

而後波蜜也曾於2011年，邀請金城武代言，以「均衡，是地球的真理，也是你身體的道理。」提醒消費者每日應攝取足夠的蔬果量。

雖然代言人的確使波蜜在消費者心目中理想品牌調查，與競品相比，在好感度上領先，但波蜜依然不斷思考，是否能以不同的方式行銷，廣告不是拍得美就好，品牌主更注重其能否刺激消費者購買，最終達到實際的業積提升。

創意出擊，拉攏年輕的心

「這個市場無情，沒有話題更不行！」談到銷售趨勢，林孝杰透露，雖然在不同廣告手法和投資的幫助下，品牌在觸及消費者方面有所成長，但波蜜果菜汁近年的銷售依然逐漸下滑。

除了競品的不斷增加，林孝杰分析，由於波蜜已是老品牌，1990年後出生的八年級、九年級生，他們和原有消費者的價值觀及社會環境有很大的不同，在消費上，也不容易專情於單一商品。

為了了解年輕族群對波蜜的品牌印象度，及對波蜜果菜汁的行為與態度，波蜜找來22~27歲受訪者進行質化訪談，試圖找出影響他們的關鍵因素。

林孝杰說：「這已經不只是跟其他蔬果汁競爭，而是我們得持續提醒，讓消費者對商品有信心，並且覺得有新鮮感，做到所謂 的『行銷4.0』，也就是有感行銷。」

2019，年輕人篇「年輕人不怕菜，就怕不吃菜！」

廣告中「年輕人不怕菜，就怕不吃菜！」又一次讓波蜜入選2019年十大廣告金句，更以網路票選第一名，榮獲今年度十大金句人氣獎。

林孝杰歸納波蜜能深植入心的祕訣，包括產品特殊、個性鮮明；產品有利基點，較容易行銷推廣；傳播主張貼近消費者等，但他也強調，「堅持」才能累積品牌記憶度，未來也將持續塑造波蜜品牌，使其成為果菜汁的代名詞。

🖥 行銷企劃內心話 --

老闆要希望創造業績，促使我們常需重新定位產品以增加賣點，但有時差點失去「忠誠客戶」！尤其負責流行商品的快速，可怕快速失去市場。

～流行商品企劃總監

➡ 行銷部門的一天 --

請你下課或下班後，前往便利商店的微波食品區前挑選其中一件商品，從產品策略的角度切入，從購買前至使用後，它尚有哪些可以改進？

A. 國民便當

B. 披薩

C. 日式便當

D. 地方名產

E. 麵食類

※可學習訪談便利商品相關部門，了解商品的擬定與執行內容。

♥ 產品會客室

玫瑰金限定款電鍋，擄獲大同電鍋鐵粉，馬卡龍色系無可抵擋。

圖片來源：https://supertaste.tvbs.com.tw/hot/314022

♥ 產品會客室

萊雅化妝品品牌定位：通路策略vs.價格

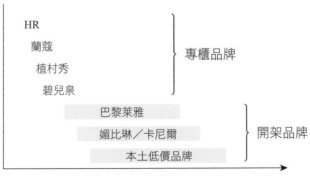

照片來源：http://www.lorealtaiwan.com.tw/indes.asp

資料來源：吳麗雪，管理雜誌，No.391，P.127。

本章問題

1. 可否就：(1)實體產品；(2)服務；(3)經驗；(4)事件；(5)人物；(6)地點；(7)組織機構；(8)資訊及理念，舉出以上各種實例說明。

2. 可否就茶裏王做新的產品包裝設計。

靈光
一現

我的IG企劃

請運用你的想像力，將下列的 IG 中空白處填滿，配合自己拍攝的照片與文字，企劃屬於你自己的主題。

靈光
一現

行銷隨堂筆記 ➕

請你上網找最新的或最喜歡的官網、臉書專頁、產品照，剪貼下來並分享喜歡的理由。

你の浮貼

★官網Sample

我喜歡

理由

▲資料來源：🔍

你の浮貼

我喜歡

理由

★產品Sample

▲資料來源：🔍

★小編文案Sample

資料來源：7-ELEVEN臉書專頁

你の浮貼

我喜歡

....
....
....
....

理由

....
....
....

文案練習

....
....
....
....
....
....
....

▲資料來源： 🔍

Name _____ Date _____ 評分 _____

新產品開發與 產品生命週期

09

學習目標

- 探討新產品的開發
- 了解新產品的創意與形成過程
- 如何做好新產品的管理

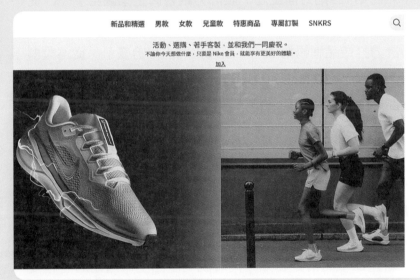

NIKE近年來不再只是運動鞋款,而是發展出時尚潮流機能性為主軸,且還能夠在網站上訂製專屬鞋款,提供更多客製化服務。

資料來源:https://www.nike.com/tw/

「顧客期待更好的產品,也期待更新的產品。」
菲力普・科特勒,《行銷是什麼?》。商周,P.203。

  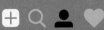

只要在研發前問三個問題，就可以大致確定一個新產品成功的可能性：

1. 人們需要這個產品嗎？

2. 它和競爭商品有所不同或更好嗎？

3. 人們願意付這樣的代價來買嗎？

如果有一題答案是否定的，那就停止研發的工作。

9-1 前言

Practice and Application of
Marketing Management

在天下雜誌第329期封面主題「設計力讓臺灣企業翻身」—「從MIT(Made in Taiwan)到DIT(Design in Taiwan)用創意換生意，小小企業也可藉設計力打造品牌暢銷國際，讓義大利人也哈臺」。從這段標題，可看得出產品已從功能面走向設計與風格，我們對於新產品的定義是否應再開闊些？傳統經營者總是勤奮於「改造產品」，使消費者使用起來更加舒適，但隨著時代趨勢，許多消費者購買新產品已經是稀鬆平常，除了運用行銷與廣告來刺激買氣外，現在在多重選擇的購物環境中，如何推出「新產品」已是令許多行銷人員費心的事。當研發部門無法立即生產產品，或者近來公司業績衰退等加上競爭者頻頻推出新產品，諸多的壓力已造成公司莫大的考驗。本章的目的是希望帶給你對「新產品」的清楚認知，同時說明產品生命週期的各種變化。正如菲力普・科特勒提出一句發人省思的話：「注意新產品研發期限」；同時，英特爾的前策略長戴維陶表示：「偉大的發明來自實驗室，但偉大的產品來自行銷部門[1]。」倘若我們要明確得知新產品成功推出的關鍵因素，大概可以自問三項問題：1.顧客需要這個產品嗎？2.我們公司的產品與競爭者最大的差異為何？3.顧客願意支付此種價格來購買我們的產品嗎？就上述三個問題得知新產品的開發與訴求是成功與否的原因。本章就新產品的創意與開發作進一步的介紹。

1 菲力普・科特勒，《行銷是什麼？》。商周，P.202。

同時，近來一股「新奢侈品」風的興起，造成一股流行的趨勢，在此趨勢中，許多公司紛紛朝這些概念（例如：美感、奢華、個性化）塑造了許多新產品。另外，新產品的呈現也絕非實體商品而已，例如個性化商店，具特色的部落格(blog)以及許多令人驚訝的新消費習慣等，都是「新產品」，所以行銷領域所定義的「新產品」漸漸走出屬於它的涵義。在第二節中，我們也將探討新產品的「管理」，好的創意需要以優質管理來落實與長期培養，如何將新產品做最佳的行銷企劃，是經營新產品的重要使命。我們經常面臨一個難堪的問題，就是新產品失敗了，該找哪個部門負責？是行銷部嗎？業務部？抑或研發部？其實它應該是公司整體及所有部門的責任；除此之外，清楚新產品的目標市場與定位更是重要！

9-2　新產品的創意與開發

Practice and Application of
Marketing Management

　　談到「新產品」，我們經常會想到一個問題：就是研發部門，難道非得由「研發」角度切入嗎？事實不然！也許你會因經營者突如其來的要求，倉促推出一項新產品，原因可能是近來公司業績下滑，原有的產品也走向衰退或者競爭者頻頻推出新產品，而公司擔心市場占有率會急速下降等，但是在現今強調「藍海策略」、「創意管理」等趨勢下，任何一個決策都會影響企業下一步的目標。因此，行銷人員首先應了解何謂「新產品」的內涵與方式，以下是新產品的分類（Booz、Allen、Hamilton提出新產品的分類）：

> 廣告金句Slogan
> Trust me, you can make it!
> （媚登峰）

1. 新問世的產品：創造一個新市場的產品。

2. 新產品線：使公司能首次進入某現有產品線的新產品（包裝規格、口味等）。

3. 現有產品線外所增加的產品：補充公司現有產品線的新產品（包括規格、口味等）。

4. 現有產品的改良更新：能提供改進性能或較大認知價值及取代現有產品的新產品。

5. 重新定位：將現有的產品導入至新市場或新市場區隔。

另外，我們也應了解如何讓新產品降低成本：提供性能相同，但成本較低的新產品[2]。

當我們開始進行新產品的開發時，常常會覺得似乎又是毫無新意，乏善可陳的產品想法，總覺得再設計或研發出的產品與現有產品沒有什麼區隔，因此「創意」就成了不可或缺的元素。但要求大家立即提出創意的新點子，又覺得有些困難！也可能員工中真正有好的創意人才，但是當要具體進行生產與行銷時，公司又會擔心風險而猶豫不決。因為新產品開發的風險頗高，例如：德州儀器在從家用電腦事業撤退前損失6億6千萬，福特汽車在Edsel車上損失2億5千萬等，這些例子，足以令企業無法輕易付諸行動。因此，我們更需了解到新產品的失敗之因。以下是菲力普・科特勒提出新產品失敗的原因：

1. 即使行銷研究的結果是負面的，高階主管仍堅持將其新產品創意，推入產品開發過程。

2. 產品創意頗佳，但高估市場規模。

3. 真實的產品設計不夠周全。

4. 新產品在市場上的定位錯誤，或廣告缺乏效能或訂價過高。

5. 新產品無法取得夠大的通路涵蓋區域或支持。

6. 新產品開發成本遠高於預期的成本。

7. 有些競爭者的反擊比預期的還激烈。

在以上第1項、第2項中皆出現「創意」字眼，但是創意又該如何加強呢？「市場靠創意取勝的例子隨時可見，例如宜家家居、西南航空等，除了招募一些具備創意的人才之外，並且設計企業內部活動，

2 菲力普・科特勒，《行銷管理學》，11版。東華，P.414。

尤其近來商品美學的風氣，讓許多企業經常邀請專業人士至公司進行教育訓練，藉以刺激員工的想法。例如：明碁(BenQ)公司內部舉辦美學、藝術等講座，如石頭的鑑賞課程。因此，公司的經營者必須主動參與創意活動，例如：菲力普・科特勒在《行銷是什麼》書中舉出讓公司激發創意的建議。另外更提醒公司要成立「好主意市集(idea markets)」藉此鼓勵員工，以及供應商、配銷商、經銷商提供節省成本或推出新產品、新功能及新服務的想法。然後由高層主管來蒐集、評估及篩選更好的想法，而且書中更引用一句腦力激盪的創始人奧思朋博士(Alex Osborn)的話：「創造力像是朵嬌貴的花，它會因讚美而盛開，但批評卻會使它的花苞枯萎[3]」。

在圖9.1指出新產品發展的過程，在第一步驟便舉出「創意」的激發技巧有哪些。以下是著名的創意激發技巧：

1. 嘗試改造產品與服務。

2. 重新定義並修改產品的特徵。

3. 嘗試新的組合。

4. 重新演練問題的基本面。

5. 想出產品所有的問題點。

6. 決策樹—定義所要決定的一連串決策。

7. 腦力激盪—集合一小組人一起討論問題。

8. 關連性思考[4]。

[3] 菲力普・科特勒，《行銷是什麼？》。商周，P.221。

[4] 菲力普・科特勒，《行銷是什麼？》。商周，P.219~220。

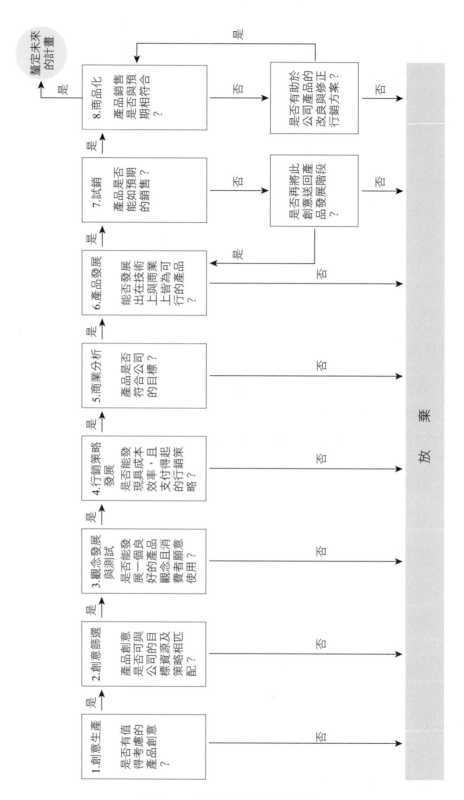

● 圖9.1　新產品發展決策過程

資料來源：菲力普・科特勒，《行銷管理學》，11版。東華，P.422。

1. 由顧客團體與公司的工程師和設計師共同聚集討論一些問題與需求，並以腦力激盪方式尋求一些潛在的解決方式。
2. 允許暫停其工作－從事偵察－讓技術人員暫時放下手邊煩人的專案工作。
   3M公司允許15%的工作時解放自己；Rohm & Haas則允許有10%。
3. 舉行顧客腦力激盪的討論會，依標準的方式先進行工廠參訪。
4. 調查你的顧客：找出顧客對你與競爭者的產品，喜歡什麼與不喜歡什麼。
5. 採用「自然拍攝或採訪方式」或「露營生活方式」與顧客共同研究的方式，如Fluk與惠普公司的作法。
6. 使用反覆循環的作法：一組顧客聚集在一間房間，專注在確認問題；公司的一組技術人員則聚集在另一間房間，傾聽與用腦力激盪出一些解決途徑。然後將所提議的作法立即對該組顧客進行測試。
7. 建立一個關鍵詞的搜尋，以例行性地掃描各國有關發布新產品上市訊息的商業刊物。
8. 視商展為蒐集情報的任務，因為展覽會場中在同一個屋簷下，你將可看到產業內一切新奇的事物。
9. 要求公司的技術與行銷人員拜訪供應商的實驗室，並花一些時間與對方的技術人員共同發現一些新的構想。
10. 建立一個創意庫，並開放給員工，使員工很容易隨時使用。讓員工可隨時回顧，及加入一些有建設性的創意。

⊃圖9.2　產生偉大新產品創新的十種途徑

資料來源：摘自Robert Cooper, Product Leadership: Creating and Launching Superior New Products (New York: Pursues Books, 1998)。

　　從圖9.1中得知新產品發展決策包括八個步驟：步驟一創意的產生、步驟二創意篩選、步驟三觀念發展與測試、步驟四行銷策略發展、步驟五商業分析、步驟六產品發展、步驟七試銷、步驟八商品化。

　　當我們了解新產品發展歷程之後，有一個十分重要的觀念就是如何「管理」新產品，下一節我們將介紹這個觀念。

 行銷企劃內心話 ---

　　設計新產品並不是研發部與行銷部的事，有時我們從顧問意見表發現了創意與靈感，不過也不能立即進行免得讓商品彼此影響。

•➡ 行銷部門的一天 --

　　哈利波特電影的魔法旋風也吹襲臺灣，一家公司靠哈利波特劇中的「鼻屎糖豆創下單月收入50萬元」，你的看法如何？可否再企劃類似的活動？

👤 焦點行銷話題 　　　　　　　　　　　　★☰

花王臺灣－如何創造顧客最美笑容？

文／洪郁真 Brain, NO.465, 2015.01

　　花王旗下最知名的品牌Bioré，為何連年在卸妝品牌銷售上獲得驚人成績？在臺灣剛滿50歲的花王，如何在周年慶活動融入公益元素，創造更多笑容？

　　在2003年左右，臺灣化妝風氣盛行，追求濃密深邃效果的睫毛膏和眼線使用量越來越大，各家美妝品牌都相繼推出卸妝油，Bioré為了和其他油類卸妝品區隔，主打產品特色「即使手上沾了水，臉上的卸妝力道不變」。

　　而後，又因應臺灣生活者「天天使用卸妝油、皮膚會變得太油了」煩惱，在2006年，花王臺灣團隊針對臺灣亞熱帶氣候這樣較濕熱的生活環境，研發出水洗更清爽的「深層卸妝乳」。

　　2010年，Bioré又針對防水防暈、較難卸除的睫毛膏用品，推出「高效活氧眼唇卸液」。

　　到了2012年，添加美容液的「深層卸妝精華露」誕生，Bioré希望讓顧客「上妝打扮，讓自己變美麗，而卸妝後，也能一直美下去」鼓勵女性注重平時的肌膚保養。

　　之後隨著韓劇當紅，因此Bioré主打100％無油的「零油感舒柔卸妝水」，同時滿足使用者的需求。

新產品的管理

Practice and Application of
Marketing Management

　　談到新產品的管理—產品生命週期(product life cycle, PLC)代表的意義是產品銷售量和利潤，依據時間的順序所畫出來的曲線。產品生命週期區分為五個階段：

1. **產品發展期**：從企業開始發現與發展新產品創意開始。初期產品的銷售是零，但企業要付出開發的成本。

2. **導入期**：產品剛進入市場，在這個時期銷售成長緩慢。由於產品上市需要支付上市費用，故無法產生利潤。

3. **成長期**：產品在這個階段，快速獲得市場的接受，利潤會有所增加。

4. **成熟期**：在此階段銷售成長緩慢，因為產品已經被大部分的潛在購買者接受，而利潤水準開始下降或衰退，因為行銷費用都用在與競爭者的競爭中。

5. **衰退期**：此時期銷售下降，利潤也下降。

　　以上是PLC（產品生命週期）的介紹，不是每一個產品都在同一個時期，行銷經理人必須定期審視各產品的現況擬定出最適切的產品策略，圖9.3為上述的產品生命週期圖示。

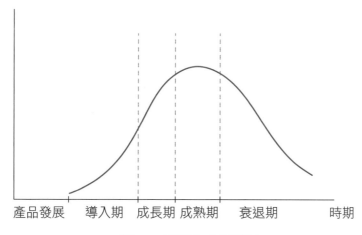

⊃圖9.3　產品生命週期圖

焦點行銷話題

UNIQLO 專注材質－開發高機能未來服飾

文／王美珍／遠見雜誌，No.305

　　不專注時尚、開店速度不如ZARA的UNIQLO，要如何坐上世界第一大成衣零售業寶座？對生產線完全外包的UNIQLO來說，品質才是致勝關鍵。

　　優衣庫社長柳井正日前立下宏願：希望2020年，全球能夠邁向4,000家店，打敗ZARA、H&M、GAP，成為世界第一大成衣零售集團。

　　事實上，ZARA在2010年已有1,700多家店。

不注重時尚，品質是打敗對手的競爭優勢

　　相對來說，「品質」似乎是UNIQLO有望打敗對手的競爭優勢。去年，UNIQLO加強了時尚產品的開發，反而造成業績下滑。柳井正反省：「我們從錯誤中學習，因此更堅定自己的方向。必須和ZARA、H&M走出不一樣的路。」

生產線完全外包，組「匠團隊」盯外包工廠品質

　　UNIQLO最為人稱道之處，在於擁有技術卓越的「匠團隊」(Takumi Team)，由日本紡織工業經驗老道的老師傅組成，直接派駐到合作的加工廠提供指導。

開發未來服飾，要用科技衣改變世界寒冬

　　過去幾年，UNIQLO最受矚目的商品，就是「高科技保暖衣」(HEATTECH)。該款服飾可吸收身體散發的水蒸氣，轉換為熱能。UNIQLO自豪宣稱：「日本的科技，將改變世界的寒冬。」2010年，HEATTECH商品系統全世界就售出800萬件。

➕ 看他們在行銷

分享你的看法

1. Amazing Talker的行銷方式有哪些特色？

2. 請思考有關文教事業的行銷策略，例如：Tutor ABC。

資料來源：www.gvo.com.tw

♥ 產品會客室

　　Pizza Hut必勝客為美味比薩第一品牌，各種創新口味及噱頭，成功吸引消費者目光。

♥ 產品會客室

近年減脂熱潮風行,想來點低熱量又具飽足感的夯番薯,超商帶著走。

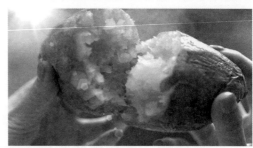

圖片來源:http://event.family.com.tw/sweetpotato/

本章問題

1. 請舉出你曾使用的產品,提出它的缺點?同時替它想出更佳的創意。

2. 你認為新產品的經營需要哪些要素才能成功?

3. 請就你曾經購買的商品或任何行銷標的,提出自己的創意或點子。

4. 與你的夥伴們,進行一場腦力激盪活動,並引用本文中所提六項新產品方式之其中一項,完成屬於大家的「新產品」會議。

5. 你認為「創意」好不好培養?它是先天或後天可培養的能力?

6. 你是否參加過任何一項創意大賽?請分享你的心得。

我的IG企劃

請運用你的想像力，將下列的 IG 中空白處填滿，配合自己拍攝的照片與文字，企劃屬於你自己的主題。

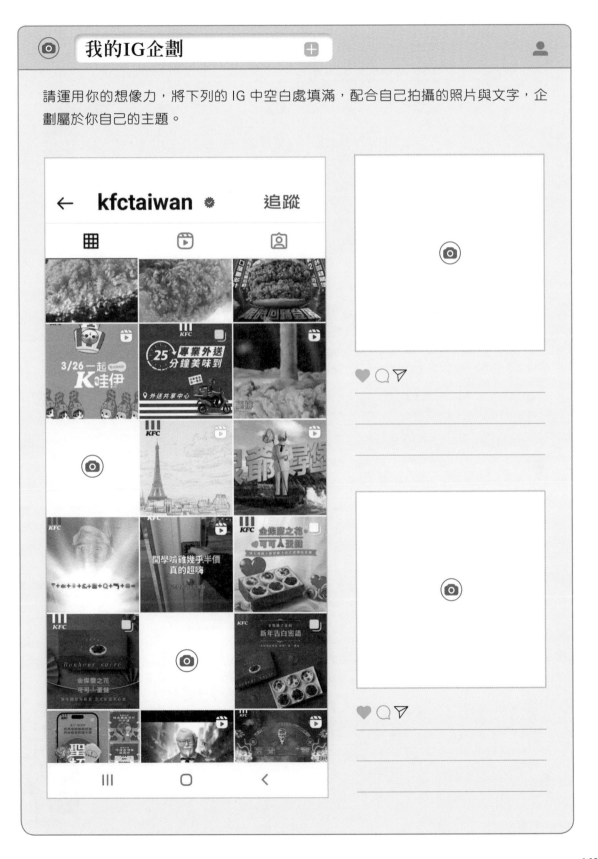

靈光
一現

行銷隨堂筆記　⊕

請你上網找最新的或最喜歡的官網、臉書專頁、產品照，剪貼下來並分享喜歡的理由。

你の浮貼

像好友一樣的優質教師

從 AmazingTalker 認識世界各地的人與文化

您想學習什麼？

★官網Sample

我喜歡

理由

▲資料來源：

你の浮貼

我喜歡

理由

★產品Sample

▲資料來源：

★小編文案Sample

資料來源：蔡英文臉書專頁

你の浮貼

我喜歡

文案練習

理由

▲資料來源：

Name

Date

評分

品牌策略 **10**

學習目標

- 認識品牌的意義與種類
- 介紹品牌權益的意涵
- 介紹品牌決策的過程
- 探討品牌經營與管理

Louisa café成功塑造是咖啡廳也是圖書館的人文空間,官網首頁呈現最新檔期資訊,也有進行黑卡集點消費活動。

資料來源:https://www.louisacoffee.co/

「好的品牌是通往持續及高利潤的唯一途徑,好的品牌不僅帶給消費者功能性的利益,也能提供感性利益。」

菲力普‧科特勒,《行銷是什麼?》。商周,P.138。

10-1 前 言

　　品牌(brand)是一個靈魂，當我們購買一個商品，可能是因它的品牌知名度，就如同一杯咖啡，倘若我們賦予它「星巴克」這個耳熟能詳的品牌，一杯價值可以是原有價格的好幾倍，品牌經營可以創造獲利空間，到底品牌從建立到成為知名品牌的歷程為何？難道每種產品或服務都需有品牌？近來許多企業經常在合併或併購時，將商譽視做一項重要資產，有些企業甚至指定某家企業的品牌作為合作的條件。看來品牌是一項值得玩味的主題，就如「LV」這個令許多女人為之神往的知名品牌，單單一個皮包，就價值上萬，甚至許多人視為一項有價值的收藏。另外，品牌策略往往主導消費者的使用習慣與消費意識，例如一些大廠如BMW、新力、可口可樂等，消費者不自覺以知名品牌的標準作為新品牌接受的參考依據。本章將介紹品牌的定義與種類，並且介紹品牌權益以及如何擬定品牌決策。

> **廣告金句Slogan**
> 認真的女人最美麗。
> （台新銀行）

10-2 品牌的定義與種類

　　近年來我們不難發現企業無不卯足全力在經營自己的品牌，從消費品到高科技商品，甚至連鎖系列（例如：丹堤、葵可利、比薩熱到家等多家），不斷透過活動與廣告打造品牌，但是在執行這一系列的經營前，企業必須對「品牌」有清楚的認識才行，否則將如水中撈月，絲毫不見效果。在菲力普・科特勒最新對於品牌的說明是這樣的解釋：「重點是企業品牌必須象徵某種意義」，它可以是品質、創新、友善的態度，或任何其他意義[1]」。同時他更明白指出一個強而有力的企業品牌，需要好的形象表現，例如：透過主題、標語、視覺設計、標誌、標準色及廣告等[2]。

1　菲力普・科特勒，《行銷是什麼？》。商周，P.178。

2　菲力普・科特勒，《行銷是什麼？》。商周，P.178。

可見品牌傳達的涵義是需要審慎思考的課題，在美國行銷協會(AMA)對品牌的定義是：「品牌(brand)是指一個名稱、術語、標記、符號、設計它們的聯合使用；這是用來確認一個銷售者或一群銷售者的產品或服務，以與競爭者的產品或服務有所區別[3]」。

從以上的定義看來，公司必須認真去思考「品牌」給予顧客的感受為何，因為品牌很可能常駐於顧客心中，行銷人員應找出確認品牌的支撐點是什麼？Scott Davis認為在建構一個品牌形象時，應該讓品牌的金字塔(brand pyramid)透明化[4]。在最底層為「品牌屬性」，其次往上為品牌利益，而最上層則是品牌信念與價值，可參考圖10.1品牌的金字塔。

最底層的「品牌屬性」一詞，必須回歸到品牌所傳達的層次，一般來說，品牌可以傳達六種層次給顧客：

1. **屬性**(attributes)：品牌最先留給購買者的第一印象便是屬性，例如顧客一想到賓士汽車，便認為是昂貴的。

2. **利益**(benefits)：屬性必須能被轉換成功能性及情感性的利益。例如「昂貴的」屬性可轉換為「這部汽車可讓我感覺到具重要地位與令人羨慕的」情感型利益。

3. **價值**(values)：品牌亦可傳達某些價值。

4. **文化**(culture)：品牌可能代表某種文化。

5. **個性**(personality)：透過品牌也可間接反應出個性，例如某項品牌用動物之王「獅子」來象徵公司的品牌意義。

6. **使用者**(user)：品牌可以看出購買或使用該產品的類型[5]。

3 菲力普·科特勒，方世榮譯，《行銷管理學》，11版。東華，P.500。

4 菲力普·科特勒，方世榮譯，《行銷管理學》，11版，東華。

5 菲力普·科特勒，方世榮譯，《行銷管理學》，11版。東華，P.500。

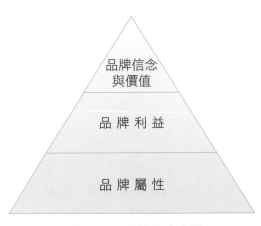

⊃圖10.1　品牌的金字塔

6　菲力普・科特勒，《行銷是什麼？》。商周，P.178。

　　除了上述的介紹外，學習品牌更應掌握以下的觀念：(1)品牌定位應注意將品牌名稱與所希望傳達的利益一致；(2)企業必須研究消費者對於產品的屬性與性能如何的感受與認知；(3)確實掌握品牌的意義，避免造成消費者模糊不清與曲解；(4)品牌不應過度倚靠廣告，若能透過市場表現來建立形象才是最有效的[6]。

行銷企劃內心話

　　「品牌」並不是永久特效藥，身為行銷人員，有責任照顧它的成長，不能光靠廣告支撐，更重要的是注入生命及重視品牌行銷倫理！

～廣告公司創意總監

行銷部門的一天

　　若是臺北101金融大樓董事長希望你重新定位101的品牌，你會如何定位與提倡何種訴求？可以的話，也嘗試畫一個新品牌。

焦點行銷話題

品牌 ×SDGS

文／楊子毅、蕭妤秦、尼可Brain, 2023.3, P45-73

目前全球企業開始以聯合國頒布的17項永續發展目標(SDGs)作為ESG方向，同時也將它成為產品策略以及品牌行銷溝通的重要一環，下列為各領域的品牌針對SDGs所做到的努力：

1. Tide公司

推出在冷水中亦能發揮良好功效的清潔用品，讓一年內單一家庭能節省多達150美元的能源費用，且對環境更加友善。

2. 香香澡堂

由台塑企業暨王長庚公益信託支持下提供給不限身分的民眾前往盥洗，也提供物質領取（如食物、二手衣）手機充電，福利諮詢及轉介服務，打造弱勢族群多元服務場域。

3. 墨西哥企業Sistema.bio

為沼氣團隊為促進農民福祉與保護地球生態系統，打造一款生物分解器，名稱為"Biodigester"，能將動物排泄物轉化為有機肥料與沼氣，轉為農業機具的生物燃料，協助農民降低種植成本，並且達到零碳循環的目標。

4. 黎巴嫩超市品牌Spinneys與黎巴嫩乳癌基金會

英國依斯蘭醫學協會與廣告公司McCann Health聯手推出The Bread Exam計畫，以科技工具拍攝看似是烘焙教學影片，其實是教育大家學習保護自己，以揉麵帶出自己如何發現乳房健康的重點。

10-3 品牌權益

品牌權益(brand equity)在現今的企業中是一項十分重要的資產。桂格燕麥的共同創辦人John Stuart曾指出：「如果企業宣布倒閉，我可能會給你工地與實體建物，而我將取走品牌與商標，如此我所獲得的比你多。」

可見，品牌權益是公司一項十分重要的資產。根據Asker的說法：「品牌權益越高則品牌名稱知曉度、認知的品牌品質、堅強的心理性與情感性的品牌聯想及其他的資產，如專利、商標及通路的關係也愈高。」

從上述的說法可以了解到「品牌權益」可以反應顧客在公司產品或服務上所產生的一些差異。同時「品牌權益」也可反應出是否顧客因偏好某家品牌而支付較高的價格，或者同樣二家品牌的產品是相同的品質，顧客也會願意拿出較高的成本。一般而言，高品牌權益能促使公司獲得以下優勢：

1. 擁有議價談判的有利情勢。

2. 當品牌具有高品質的認知時，公司可以訂定較高的價格。

3. 可抵擋價格競爭。

4. 公司可以進行品牌延伸，因為此項品牌名稱擁有高度信賴感。

除此之外，面對「品牌權益」的管理，必須具備一種心態，那就是必須以長遠的眼光來看待它，尤其在我們討論品牌權益之時，其實就是考慮顧客權益，亦即透過品牌管理作為一項行銷方式。公司應該經常檢視品牌現在在顧客心目中的意義與接受程度，即「品牌知曉」(brand awareness)與「品牌接受」(brand acceptability)，更值得企業努力的是擁有顧客高度的品牌偏好(brand preference)與品牌忠誠度(brand loyalty)。放眼望去，在臺灣的市場中，有許多外來的品牌，初期投入大量的廣告費用，創造了「品牌知曉」與「品牌接受」，但他

們卻忽略了一件重要的關鍵，就是培養本土自己的品牌。值得慶幸的是，近來有多家企業將不僅開創自己的品牌，同時也不斷加入創新的概念，讓原本的品牌概念賦予生命力。身為品牌經理人應該具備以下觀念：

1. 行銷人員必須為顧客打造一個品牌的使命或願景，並具體說明品牌所能承諾的內容。

2. 密切注意在推展品牌時的風險，另一方面也衡量品牌的效能為何。

3. 協助公司建立清楚的品牌認同(brand identity)，包括品牌名稱、標誌、標題、符號及顏色等，最好是擬定一套品牌計畫。

10-4 品牌建立決策

Practice and Application of Marketing Management

「品牌決策」是產品策略中十分重要的議題，一個品牌從建立到獲得高品牌權益之路是艱辛且充滿挑戰的！要如何塑造一個耳熟能詳的品牌，必須有一套「品牌建立決策」，從圖10.2可以清楚了解到品牌建立的步驟。

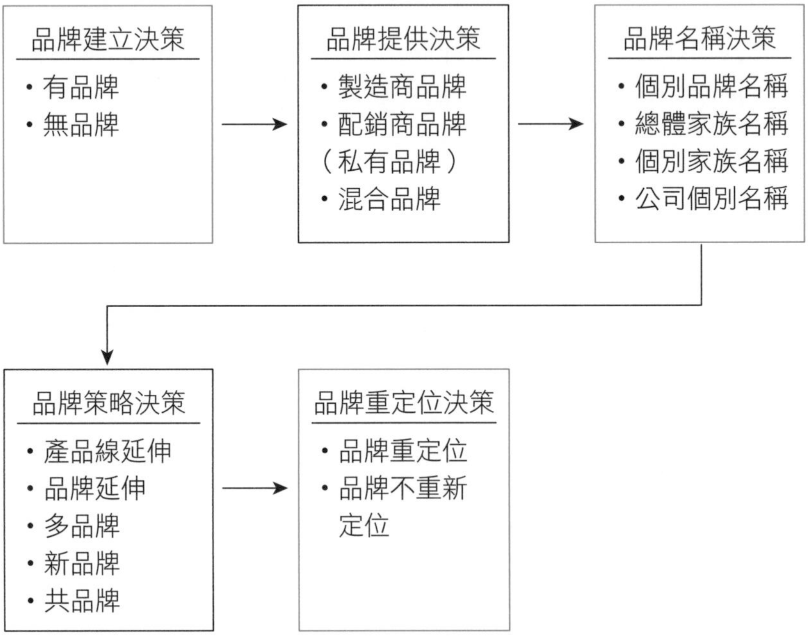

圖10.2　品牌建立決策綜觀

資料來源：菲力普・科特勒，方世榮譯，《行銷管理學》，11版。東華，P.508。

焦點行銷話題

王品集團－多品牌占領市場

文／鄭雅菁 Brain, No.419

一品牌一店花的王品

王品台塑牛排

品牌代表花：玫瑰花

成立時間：1993年

品牌個性：尊貴不凡

品牌承諾：只款待心中最重要的人

服務定位：尊貴的服務

消費單價：NT$1,200

店家數：12家

宣傳活動：「送玫瑰花把愛傳出去」

西堤牛排

品牌代表花：太陽花

成立時間：2001年

品牌個性：熱情、年輕

品牌承諾：Let's tasty! Let's enjoy!

服務定位：熱情、愉悅的服務

消費單價：NT$480

店家數：20家

宣傳活動：「熱血青年站出來」

陶板屋　和風創作料理

品牌代表花：薰衣草

成立時間：2002年

品牌個性：日式優雅、有禮

品牌承諾：陶板美味與人文書香共舞

服務定位：春風有禮

消費單價：NT$490

店家數：20家

宣傳活動：一人一書閱讀趣

聚　北海道昆布鍋

品牌代表花：天堂鳥

成立時間：2004年

品牌個性：熱忱

品牌承諾：「聚」在一起的感覺真好！

服務定位：主人式的服務

消費單價：NT$530、$790

店家數：14家

宣傳活動：「筷筷來聚愛地球」

原燒　優質原味燒肉

品牌代表花：海芋

成立時間：2004年

品牌個性：純真

品牌承諾：原汁原味的好交情

服務定位：真誠的服務

消費單價：NT$580

店家數：12家

宣傳活動：「一人一衣愛助兒盟」

ikki　懷石創意料理

品牌代表花：五葉松

成立時間：2005年

品牌個性：時尚、品味卓絕

品牌承諾：讓心與心在美味前迴盪

服務定位：「寵愛」顧客

消費單價：NT$1,200、$800

店家數：2家

宣傳活動：「團圓送舊約會」禮券回饋消費者

夏慕尼　新香榭鐵板燒

品牌代表花：鳶尾花

成立時間：2005年

品牌個性：浪漫優雅

品牌承諾：第一時間‧先嚐‧嚐鮮

服務定位：浪漫的服務

消費單價：NT$980

店家數：5家

宣傳活動：「韓國亂打秀」、「凱文柯思演奏會」贊助

品田牧場

品牌代表花：蒲公英

成立時間：2007年

品牌個性：向陽的、溫暖的、清新的

品牌承諾：品味幸福　暖暖心田

服務定位：親切、自在、有趣

消費單位：NT$290

店家數：8家

宣傳活動：「集滿點，饗幸福」集點贈手札

石二鍋

品牌代表色：青綠色識別

成立時間：2009年

品牌個性：親切、平易近人

品牌承諾：四季隨時嚐鮮

服務定位：堅持安好心，讓消負者好涮嘴

消費單價：NT$198

店家數：8家

宣傳活動：「點石成金抽鍋趣」問卷回饋消費者

步驟一：品牌建立決策（決定要有品牌或無品牌）

以往大多數的產品並沒有品牌，往往生產者或中間商會以整桶、整袋或整箱的型式，並未標註任何品牌銷售給顧客，但今天的局面已不同昔日，從日常生活用品到生鮮食品，甚至到汽車材料、零件，皆有標示品牌，一般企業決定要建立品牌通常因為下列各種好處：1.有助於公司形象的建立；2.較易進行市場區隔；3.具有品牌名稱能簡化流程；4.享有法律方面之保護；5.能間接經營顧客關係。但從另一個角度（即無品牌）的情況看來，通常會是以「無品牌」方式處理，就如同目前在量販店經常以低價吸引顧客前來，之所以能夠如此，主要是因為節省成本，提高獲利。

步驟二：品牌提供決策（製造商品牌、配銷商品牌、混合品牌）

1. 製造商品牌(manufacturer's brand)

意指產品是以製造商的名稱作為產品的品牌，例如：「大同」電冰箱、「東元」冷氣、「統一」雞精等。

2. 配銷商品牌(distributor's brand)

也稱私有品牌，例如：惠而浦所生產的產品一部分是以自己的名稱，有的則透過配銷商名稱來銷售（如Sear Kenmore）[7]。

3. 混合品牌

步驟三：品牌名稱決策（個別品牌名稱、總體家族名稱、個別家族名稱、公司－個別名稱）

1. **個別名稱**：此種方式能夠預防公司名聲不會受限於個別產品的表現，即使是生產高品質產品的企業，也可發展一項低價格的品牌作為區隔。

7 菲力普・科特勒，方世榮譯，《行銷管理學》，11版。東華，P.509。

2. **總體的家族名稱：** 採取此種方式可以節省新產品初期的開發成本，若原公司的品牌具強勢地位，即使是全新的商品也能打開知名度，同時廣泛被消費者所接納。

3. **個別家族名稱：** 當公司生產性質不同的產品時，可能不適合使用上述的總體家族名稱。

4. **以公司名稱與個別名稱結合使用：** 例如有些製造商將公司名稱與每一產品的個別品牌名稱相互結合，目的是為了告訴顧客新產品的出處，同時藉由個別品牌名稱塑造新產品的個性。

　　當行銷人員思考好「品牌名稱決策」之後，此刻必須面對一項工作，正是選擇特定的名稱，尤其菲力普‧科特勒大師更指出一個絕佳的品牌名稱應具備五種特質：(1)能指出產品的利益；(2)能指出產品或服務的類別；(3)能指出具體的「高想像力」之品質；(4)能容易拚字、發音、識別及記憶；(5)具備獨特性；(6)在其他國家或語言方面不應帶有不好之涵義[8]。

　　一旦品牌出爐後，更重要的是選擇合適的工具來建立品牌知名度，我們可以運用的手法包括：(1)事件行銷；(2)公益活動或公益廣告；(3)e-mail郵件行銷（病毒式行為）；(4)商展；(5)公關；(6)發布新聞稿；(7)會員俱樂部經營等。同時進行下一步的「品牌策略決策」，由於每個品牌都有其特性，大致來說，我們可以分成三大類別：

1. **功能性品牌(functional brand)：** 一般被認為是可以提供卓越的效能或性能，例如刮鬍子、清洗衣服、解除頭痛等之產品。

2. **形象品牌(image brand)：** 一般會提高產品或服務的差異化，因此類品牌策略必須創造一個獨特的設計，例如Armani（阿曼尼）、英特爾等。

3. **經驗品牌(experiential brand)：** 指消費者所在意的不僅止於獲得產品，更包括消費者會接觸到與這類品牌有關的人與地點，就如同在星巴克咖啡店、迪士尼樂園等所獲得的經驗或一切經歷。

　　除了以上的認識外，我們尚需進一步了解在品牌經營上的做法，讓既有的品牌能有進一步的經營與發展。

8　菲力普‧科特勒，方世榮譯，《行銷管理學》，11版。東華，P.513。

步驟四：品牌策略決策

1. **產品線延伸(line extensions)**：使用既有品牌在同產品類別中生產新品項，包括：新風味、新顏色、新配方、新包裝等。

2. **品牌延伸(brand extensions)**：即公司將現有的品牌名稱用於新開發出來的其他產品類別，但行銷人員必須謹慎留意原品牌對於新產品的適用程度，同時更需避免它的過度使用，以免喪失原先在消費者心目中的特殊地位。例如：多品牌（新品牌名稱引用至相同的產品類別）；新品牌（新品牌名稱引用至新產品類別），以及共品牌（即品牌同時享有二種或以上的知名品牌名稱）。

3. **新品牌**：公司決定重新設計一個新品牌為決策。

4. **舊品牌**：公司決策沿用一個品牌、共同使用。

步驟五：品牌重定位決策，包括品牌重新定位或品牌不重新定位

➕ 看他們在行銷

分享你的看法

你認為中華職棒帶來什麼樣的行銷效益？

👤 焦點行銷話題

臺灣品牌在故鄉

品牌名稱	創辦人	所在地	在地特色	理想品牌
白蘭	洪老典	桃園市		洗衣粉／精類第一名
金蘭醬油	鍾番	桃園大溪	金蘭大溪廠醬油瓶地標	醬油類第一名
華歌爾	品牌引進者：陳招源	桃園龜山	年度工廠大拍賣	女性內衣類第一名
裕隆	嚴慶齡	苗栗三義	裕隆三義廠	
黑人牙膏	嚴柏林	臺北新莊		牙膏類第一名
捷安特	劉金標	臺中大甲	鐵砧山戰鬥型自行車道	自行車類第一名
澎澎、白鴿、泡舒、愛之味	陳鏡村	嘉義	耐斯廣場 NICE PLAZA	沐浴乳類第一名
三好米	陳生財	雲林古坑	三好米休閒農場	包裝米類第一名
奇美	許文龍	臺南鹽埕	奇美博物館	電腦顯示器類第一名
統一	吳修齊	臺南	統一獅臺南棒球場	便利商店類第一名、優酪乳類第一名、罐裝茶類第一名、速食麵類第一名
舒潔	吳祖坪	臺南新營	舒潔拉拉博物館	衛生紙類第一名

品牌名稱	創辦人	所在地	在地特色	理想品牌
光陽機車	柯光述	高雄旗山	光陽機車旗山廠	機車類第二名
大同	林尚志	臺北中山北路	大同大學	電鍋類第一名
郭元益	郭樑楨	臺北士林	郭元益糕餅博物館	喜餅類第一名
信義房屋	周俊吉	臺北市信義區	臺北信義區信義企業總部	房屋仲介類第一名
臺灣啤酒	臺灣菸酒公司	臺北市八德路	建國啤酒廠	啤酒類第一名
黑松	張文杞	桃園中壢	黑松博物館	碳酸氣泡飲料類第二名
瑞穗鮮乳	高清愿	花蓮瑞穗	瑞穗牧場	鮮奶類第一名
波蜜	陳忠義	彰化福興	久津福興廠	果菜汁／果汁類第一名
和成欣業	邱和成	新北市鶯歌區	和成起源地：和一廠	衛浴設備類第一名
旺旺	蔡衍明	宜蘭	蘇澳新城廠	
小美冰淇淋	陳阿章	彰化芳苑	小美冰淇淋芳苑廠	冰淇淋類第一名
泰山	詹玉柱	彰化田中	泰山企業總廠	
中興保全	林燈	宜蘭員山	百年林家古厝	保全類第一名

資料來源：管理雜誌，No.427，P.64~65。

➕ 看牠們在行銷

分享你的看法

1. 你認為餐飲連鎖的網路行銷成功關鏈為何？如何做到與顧客互動？

2. 可否探討王品台塑牛排、貴族世家牛排與西堤牛排各家的目標市場。

3. 分享一下你曾去過第2題各家牛排連鎖店的經驗。

資料來源：www.wangsteak.com.tw

♥ 產品會客室

分享你的看法

1. 請找一家知名企業,就它原有的品牌,再重新設計與定位,同時,也企劃屬於
   它的廣告句。

👤 焦點行銷話題

全家創意普拉斯－媽祖 × 抖音 × 金馬獎全上陣

文／余雅琳 Brain NO.529.2020.05

　　「顧客滿意,共同成長」是全家便利商店一直以來秉持的信念,並以「敢變」精神面對時代的快速更迭。當電商衝擊實體零售時,全家大刀闊斧投入數位轉型,啟動一連串的數位決策,並朝科技零售邁進,同時改造自有品牌以提升商品質地,也積極跨界投資新事業,擴增全家消費生態圈。

酷繽沙 × 抖音－酷到發抖舞動夏日

　　炎炎夏日最是冰品旺季,全家每一年都會為主打冰「酷繽沙」推出創意企劃,抓準「嚐鮮」心理開發新口味,也與多個品牌聯名刺激夏日買氣,例如:KitKat巧克力酷繽沙、立頓水果茶氣泡酷繽沙,都是全家的驚喜之作。

　　鞏固好業績後,全家才開始加入抖音,將「喝酷繽沙,酷到發抖」點子連結酷繽沙與抖音,並結合時事、生活情境和Facebook圖文版型,發展出系列藏梗創意貼文,也善用各家門市的LINE群組加強曝光。

　　說到抖音,全家當然不忘打造一支抖音舞!結合「喝酷繽沙,酷到發抖」的點子,全家推出《酷到發抖舞》影片,並同步殷勤TikTok爭霸賽,邀請網友們共襄盛舉,全家也邀請網紅一起響應,擴大活動能見度。

全家 × 大甲鎮瀾宮－媽祖保庇過好年,年菜拿錢母在全家

　　第二次跨界合作,緊接著酷繽沙而來,全家此次思考的命題是「過年」。陳菀揚談到,全家在過年期間會有一系列銷售活動,包括開運鮮食、年節禮盒、刮刮卡等,可是與消費者的溝通相對單一、分散,團隊因此思考要用什麼主軸去貫穿過年檔期,此時與大甲鎮瀾宮合作的聲音便冒了出來。

　　首波聯名就是「開運鮮食」,全家設計Q版媽祖肖像,搭配紅色、金色包裝開運鮮食商品以增添福氣,買起來、吃起來彷彿都有媽祖保庇。全家更聯名再聯

名，推出「真愛密碼×鎮瀾宮」限定年節商品活動，例如：抽大甲媽祖金飾組，提升消費者的消費動能，銷售業績相比去年成長25%。

全家 × 金馬獎－黑金商機搭黑馬奔騰氣勢

一匹黑馬奔入第56屆金馬獎殿堂，歷經無數磨練的身影透著熱情與桀驁不馴，照映著電影人對創作的熱情，也展現黑馬朝榮耀邁進的奔騰氣勢。這是第56屆金馬獎主視覺，由視覺統籌羅申駿領軍JL DESIGN操刀設計，大膽啟用濃郁黑色調，勾勒出「黑馬」奔騰氣勢，也以此向電影工作者表達深深敬意。

為加深電影與咖啡的連結，全家思考兩者的共通點，發現「電影」與「咖啡」都是經歷磨練、淬鍊而成，「一杯咖啡，就該像一部淬煉風味的電影；選豆如選角、烘豆如編導、沖泡如精修。」透過電影人、咖啡師在每一道工序挑剔每一個細節，才能夠成就這部電影、這杯咖啡。於是，全家以「淬鍊成癮，既是飲迷也是影迷」概念將「喝咖啡」與「看電影」串連起飲迷與影迷們。

進入正式的活動期間，這次換全家現身在金馬影展、金馬獎頒獎典禮中。不論是金馬影展各式論壇、記者會，還是頒獎典禮當天賓客的接待區，全家都在現場提供咖啡、甜點給來賓乃至工作人員，藉此觸及影界客群，擴增新客戶。

當金馬獎結束後，全家Let's Café仍延續這波「成癮／影／飲」熱潮，繼續形塑具專業、質感的品牌形象，邀請既是導演也是咖啡店店長的魏德聖代言，推出「Let's Café鑑定室」，透過Facebook社群貼文、線上線下嚐鮮優惠，以及會員分眾的精準行銷，呈現Let's Café的新風貌，繼續奔入臺灣咖啡市場。

♥ 產品會客室

來一杯咖啡，這個充滿回憶的品牌，夏天星冰樂，冬天熱拿鐵，帶不走的是你的回憶。

可口可樂城市瓶－看見臺灣最美的風景

文／余雅琳 Brain.NO.531 2020.7

圖片來源：https://www.coke.com.tw/zh/coke_citypack_2020

城市瓶激起社群交流

可口可樂10款城市瓶，一次囊括臺北、宜蘭、桃園、新竹、臺中、嘉義、臺南、高雄、花蓮及臺東，將各個城市擬人化，把各城市的美食、美景轉化成人物的一部分，再搭配一個最對應城市特質的關鍵字，例如：臺北潮、宜蘭勁、新竹勤等，呈現在可口可樂的包裝上。

可口可樂也在社群貼出「小編求解」的貼文，邀請網友們一解小編對網友留言所提到城市文化的疑惑，把討論熱度再拉回到可口可樂與社群網友間的互動上。

設計驚喜無限，創意直鉤人心

10款切中人心的城市瓶，背後的規劃與準備歷時8個月以上，可口可樂團隊深入各個城市進行市場調查，描繪出城市的性格、特質，找出最具代表性的城市特色；再緊密地和設計師Noma Bar 跨國開會，在臺灣的深夜時間溝通Brief、討論使用的素材跟呈現，團隊也蒐集大量的素材照片供未曾來過臺灣的Noma Bar參考。

再出 4 款臺灣瓶，畫盡臺灣城市

可口可樂城市瓶的創意概念曾在羅馬、東京、柏林等城市實踐過，選擇將這個創意落地到臺灣，蕭育芬說，因為很喜歡「人」這個概念，「臺灣的每個城市都有著不一樣的樣貌，大家對於城市的印象各不相同，可能是建築、景點或是美

食等等，但對我們來說『臺灣最美的風景是人』，住在城市裡的人，才是構成這片土地最美麗的風景，因此我們將不同的在地元素融合成『人』的樣貌。」

「臺灣最美的風景是人」，但可口可樂只集結10座城市，並非臺灣的全貌，10座城市之外還有苗栗、彰化、屏東和馬祖等城市，這些城市的網友也特地到可口可樂的社群留言，為自己的城市發聲，分享所屬城市的美好。

饒舌唱一遍，唱出道地城市 flow

音樂，向來是可口可樂跟消費者溝通的語言之一，將品牌理念綻放成歌曲，歡快的旋律不時穿梭在廣告裡，例如：2009年《Open Happiness》，或是2016年推出至今的《Taste the Feeling》，這些歌曲都成為人們耳熟能詳的聲音記憶。

伴隨臺灣城市瓶的推出，可口可樂順勢打造饒舌主題曲《This Is My Hometown》，集結臺灣10座城市的道地生活寫照，透過切中各城市特色的歌詞與洗腦、好記憶的旋律，以及呈現歌詞要點的動畫MV，一曲道出臺灣城市的特色風貌。

城市認同到包容、團結

2015年，可口可樂「姓名瓶」一推出即掀起包裝客製化話題；2018年因應可口可樂在臺灣50週年，推出「臺灣瓶」，放上茄芷袋、臺灣黑熊、小籠包和臺北101等臺灣特色。從姓名瓶連結個人，臺灣瓶展現臺灣的獨特，再到「城市瓶」從人出發，更細膩走進臺灣各城市，凝聚群體記憶。

阿里巴巴－說員工變富翁的故事

Brain, NO.471

300年前的阿拉伯，有位阿里巴巴偶然得知了打開山洞的密語而一夜致富，他的冒險故事也因此流傳千古。300年後的中國大陸，也有一萬名的中國子民，因為得知了一句神祕話語，從而知道如何使自己成為裡頭的員工，創造出一夜致富的可能。而這神祕的話語，不是其他，也正是那四個字－「阿里巴巴」。

300年前阿里巴巴的故事流傳千古，300年後的阿里巴巴當然也沒錯過這個說故事的機會。這個阿里巴巴員工變富翁的故事，消息一出，很快就成為各大媒體、業界，以及許多網友熱烈討論、關注的焦點。

JOHNNIE WALKER 如何用「Keep Walking」讓品牌向前行？

Brain, NO.471

透視「keep walking」行銷活動

起源：1990年代，JOHNNIE WALKER讓各地市場各自為政，缺乏品牌中心思想，加上品牌遭遇老化問題，業績連年下滑。

背景：喝威士忌的主要目的，是成功人士象徵。

對策：因為隨著時代改變，人們對成功定義也產生變化，JOHNNIE WALKER重新定義成功，認為成功是進步的過程，而不是最終的結果。

過去成功定義	新的成功定義
和別人競爭	和自己對話
贏得大眾的認同	中間參與的過程
實質的財富或社會地位	內在成長
有錢	生命的豐沛
達成最終勝利結果	不斷的成長
到達會停止	不會停止

⊃圖10.3

　　將品牌目的訂為 "JOHNNIE WALKER inspires personal progress" ，鼓勵人們永遠向前邁進，標誌Logo的小金人也配合向前的概念，改成朝向右邊。

Go Further 福特品牌年輕化 4 祕訣！

Brain, NO.470

說起百年品牌福特汽車，你會想到什麼？有人說「福特是我爸爸那個時代開的車」…。福特在2012年，提出Go Further品牌主張，開始努力從產品創新、創造多元試駕、節慶行銷、品牌宣傳等4個面向，進行品牌的改頭換面。

祕訣 1 致力產品創新

2012~2015年，福特的產品活化策略，包含導入全新科技動力，像是今年即將正式進入油電混合動力車(Hybird)市場。

祕訣 2 創造多元試駕

面對年輕族群，Ford則推出小休旅EcoSport，搭配「EcoSport勇闖我的新世代」百萬資助計畫，提供100萬元獎金，幫助年輕人圓夢。活動並搭配試駕體驗，鼓勵年輕人寫下充滿故事性的試駕文。

祕訣 3 搭配節慶行銷

福特的節慶行銷，還包括在宜蘭童玩節設置「福特Fun玩區」，吸了77,100人次參觀。

祕訣 4 品牌宣傳計畫

至於如何實踐品牌宣傳計畫？福特則選定臺北市信義區，舉辦「福特Go Further品牌高峰會」，會中完整揭露福特「Power of Choice多元綠能科技」的創新節能趨勢。

海尼根－設計展現品牌好故事

Brain, NO.475

每個長青個牌都有動人的故事，利用行銷策略和創新設計的包裝，讓品牌就像一本精裝版的好書，不只有精美的外在，更有豐福的內涵，讓人想一讀再讀。

海尼根營造全新的喝酒體驗

中世紀歐洲，紅色星星是釀酒商的象徵符號，商店老闆會把星星掛在商家門口，告知街坊鄰居和旅客，這裡是釀酒的地方，歡迎大家來飲酒享樂。數百年之後，這顆紅色星星變成海尼根Heineken最為人所知的標誌。

海尼根大膽使用綠色玻璃瓶，象徵產品新鮮、自然、純正及高品質，與競品做區隔。

到了1930年，海尼根更把 "Heineken" 的 "e"，象徵相聚喝酒時悅的心情。

有了大數據品牌可以做什麼？

Brain, NO.469

Yahoo收購行動應用程式分析與廣告平臺Flurry，及影音廣告平台BrightRoll，希望在全球行動及影音浪潮上占有一席之地。

大數據能為行銷帶來什麼影響？

1. 了解每個消費者insight。
2. 減少行銷策略的不確定性。
3. 自動化購買：提高效率。

Flurry 行動數據分析與廣告平台

Yahoo以3億美元併購，監測超過16億臺行動載具，廣告平台包含650,000 APP

50 年奇士美－專注眼妝開創品牌新路

Brain, NO.478

「妳的眼神太放肆了！」請來當紅明星張孝全，為旗下品牌「花漾美姬」代言的KISS ME奇士美，廣告才播出短短幾天，就明顯提升品牌知名度和銷售量。

在日本，花漾美姬有賣全彩妝，但是經過友場調查結果，李琳媛決定，在臺灣，花漾美姬以專賣眼妝為主，而不將資源分散到其他的彩妝商品上。

所以光是一支簡單的睫毛膏開發，花漾美姬就考慮了臺灣氣候溼度、東方人眼型、捲度、持久度等，再從30多種睫毛膏方，研發出最適合臺灣市場的產品。

擁有堅強的產品力後，接下來要思考的就是如何在競爭激烈的市場中，幫助品牌脫穎而出。

花漾美姬有別於一般美妝品牌，強調女性自主，請性感女明星搔首弄姿，展現女人味。而是選擇用當紅男明星張孝全，做為品牌代言人，並在整支廣告中，擔任綠葉的角色，最後以「妳的眼神太放肆了！」經典文案，加強生活者的記憶度。

葡萄王生技－如何為老品牌注入新生命？

Brain, NO. 475 2015.11

擁有46年歷史的葡萄王，如何與時俱進，在個牌形象、行銷創新，以及未來走向等，有哪些蛻變與展望？

新舊 LOGO 比一比

新LOGO為了國際化，加入葡萄王的英文GRAPE KING BIO，並取其首字「G」包裹整個商標，讓整個品牌LOGO看起來像在微笑。

圖片來源：https://www.grapeking.com.tw/tw/about/brand

在經過市調統計結果發現，葡萄王給生活者的品牌形象，較為本土、老舊，許多人覺得舊的葡萄王商標，不好看，例如：藍、紅、橘的配色沒有活力、整體設計看起來像一個哭臉，有點邪惡的感覺。

但所謂的品牌重塑，不只是單純的換個新商標而已，曾盛麟找了顧問公司和公司高層，經過長達9個月的討論，訂製出品牌整體的未來走向以及理念，才進行商標LOGO的修改。最後從15個新LOGO中，選出3個，由全公司員工票選，才決議出現在新的企業識別。

新LOGO為了國際化，所以另入了葡萄王的英文Grape King Bio，且取其首字「G」包裹整個商標，讓品牌LOGO看起來像在微笑一樣；另外，重新修改配色，以藍、綠、橘，分別詮釋葡萄王生技的核心價值：「科技、健康、希望」。

本章問題

1. 談一談你心中的理想品牌有哪些？最令你欣賞的原因為何？

2. 可否為某一個產品企劃一個品牌活動或擬一段品牌故事？

3. 可否搜集近二年理想品牌的相關資料？

4. 本土化品牌如何走上國際舞臺？可否舉實例說明。

5. 由Interbrand公司與美國商業週刊針對全球品牌的調查中，你發現了什麼？

6. 可否針對zara這個名牌做進一步了解？

7. 請為100大中任何一個品牌重新做品牌定位。

靈光
一現

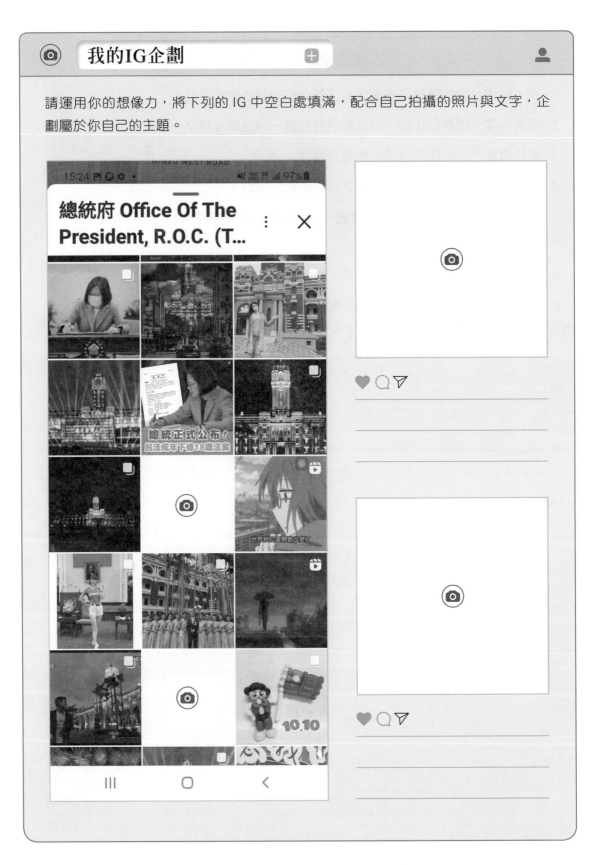

我的IG企劃

請運用你的想像力，將下列的 IG 中空白處填滿，配合自己拍攝的照片與文字，企劃屬於你自己的主題。

行銷隨堂筆記 ➕

請你上網找最新的或最喜歡的官網、臉書專頁、產品照，剪貼下來並分享喜歡的理由。

你の浮貼

★官網Sample

我喜歡 ⋯⋯⋯⋯⋯⋯⋯⋯⋯⋯⋯⋯⋯⋯

理由 ⋯⋯⋯⋯⋯⋯⋯⋯⋯⋯⋯⋯⋯⋯⋯

▲資料來源： 🔍

你の浮貼

我喜歡 ⋯⋯⋯⋯⋯⋯⋯⋯⋯⋯⋯⋯⋯⋯

理由 ⋯⋯⋯⋯⋯⋯⋯⋯⋯⋯⋯⋯⋯⋯⋯

★產品Sample

▲資料來源： 🔍

★小編文案Sample

 7-ELEVEN
3月28日下午12:00 · 🌐

[你最愛的台味小吃　變零食也超好吃‼️] #留言小編送你免費商品卡
北中南經典人氣小吃代表到齊!
不用趴趴造，來7-ELEVEN一次滿足
👍波的多洋芋片X台北士林香雞排
❤️波的多波浪洋芋片X台中豐原廟口蚵仔煎
✅華元蝦條X台南芥末醬油味
周末追劇必備零食，快來小七掃貨
3/25~4/21還有2件8折3件77折優惠

🎉tag兩位好友，分享你最想吃哪個口味，就有機會抽中500元商品卡(名額1名)
限4/15前留言者，中獎名單於4月底公布在7-ELEVEN官網

你の浮貼

資料來源：7-ELEVEN臉書專頁

我喜歡
....
....
....

文案練習
....
....
....

理由
....
....
....

....
....
....

▲ 資料來源： 🔍

Name _____ Date _____ 評分 _____

通路策略 11

Pc home網站提供24小時到貨服務，提供百萬件商品可以24小時到貨。

資料來源：https://shopping.pchome.com.tw/

「一家公司應該要透過多少通路來鋪貨或提供服務呢？通路愈多，市場涵蓋率及銷售成長率就越高。」

菲力普·科特勒，《行銷是什麼？》。商周，P.195。

11-1　前言

Practice and Application of
Marketing Management

當公司擁有具有特色的商品或專利時，不一定能在市場佔有一席之地，它必須仰賴「通路」才能使顧客了解並進一步使用。行銷通路(marketing channel)是由一群相互依賴的中間商所組成，這些中間商包括：零售商(retailer)、批發商(wholesaler)、代理商(agent)等。組織能使產品或服務順利被消費者接受及使用。現在的通路型態更擴及到實際運送商品的物流業者，就好比便利商店所配合的各項商品，多家廠商皆會透過主要的物流業者統一送至便利商店，甚至便利商店業總部會自行成立一家物流公司，不僅配銷公司的商品，同時也拓展其他業務。常有人問一個問題是：通路的建立需要多少的時間？若沒有通路，靠網路方式，可否達成行銷的目的？事實上，通路的選擇與設計，必須考量許多因素，像目前坊間有一些標榜行銷資訊公司，強調只要將商品交託給他們，絕對能完成公司的目標。事實上，公司應思考一個問題，就是「利用通路建立公司的競爭優勢，通路的選擇與建立必須與公司目標一致」。因此經營者有必要思考一套市場的策略，同時有效整合供應系統以及管理通路夥伴關係，公司也應該因應網路化的趨勢，藉助軟體來降低溝通及交易成本。本章首先會介紹行銷通路的意義，並說明通路的功能與效益、通路設計的方式，以及現有各種通路型態的介紹，最後為通路的管理決策介紹，其中尤其當通路擴大後，很可能會有通路衝突的問題，以及如何管理通路成員等議題都將一一探討。

廣告金句Slogan
路，是ESCAPE走出來的。（福特六和Ford Escape）

11-2　行銷通路的意義

Practice and Application of
Marketing Management

行銷通路可以從三方面來了解。首先為將行銷通路視為價值網路(value network)。菲力普・科特勒認為價值網路是一個夥伴與聯盟的系統，它是用來獲得、擴充及傳送其提供物所創造出來的系統。

　　為了管理此種價值網路，行銷人員必須在資訊科技方面加強，才可順暢執行企業的核心功能。一般來說，傳統上行銷著重一小部分的價值網路，但隨時代變遷，公司必須積極參與會影響公司的上游（主要為顧客層面），同時變成網路的管理者，並不僅處在產品與顧客管理者中間。然而回到一開始我們所提的「行銷通路」，它視為由一組相互依賴的組織所組成的，而這些組織能使產品或服務能順利被使用或消費。另外，行銷通路的功能分別包括：(1)效用的創造；(2)提昇交換的效率；(3)協調供需等。而我們常聽到的「零售商」及「批發商」就是行銷通路內的中間商，他們可稱為(intermediary)，可執行各種行銷功能，拉近生產廠商與消費者之間的距離。另外，我們尚需了解通路的階層，它包括：

1. **零階通路（也稱直效行銷通路）**：其主要的方式包括逐戶推銷、家庭展示會、郵購、電話行銷、TV（購物頻道）等。

2. **一階通路(one-level channel)**：包含一個中間機構，例如：零售商。

3. **二階通路(two-level channel)**：包含二個中間機構，例如：一般在消費者市場為批發商與零售商。

4. **三階通路(three-level channel)**：包含三個銷售中間機構，由大批發商先將產品銷售給中盤商，中盤商再賣給較小的零售商。

　　以上皆屬傳統的行銷通路，接下來我們介紹較常見的通路型態：

1. **管理式垂直行銷系統（administered VMS；VMS即vertical marketing system的縮寫）**：即有一個比較有效率之組織間(inter organization)的協調、規劃與管理，即是通路領袖。他可以是零售商或製造商，例如：新力(Sony)，本身產品齊全，又有許多供應商的支持，並且接近消費者。

2. **契約式垂直行銷系統(contractual VMS)**：在此系統下，通路內所有獨立的成員是透過正式的契約，來分別彼此的角色，同時在此系統下，約束力亦較大，此種系統又可區分為：批發商組成的自

願連鎖，零售商組成連鎖以及製造商（服務業）發起的連鎖加盟系統。

3. **公司式垂直行銷系統(corporate VMS)**：例如：7-11統一超商，透過所有權的垂直整合，因製造商為了充分掌握通路，也向前整合成立了零售商，並且成立總部朝專業方向經營。

　　除了上述的通路型態必須認識以外，行銷人員亦應明白通路的策略選擇，可朝(1)密集性分配：好比一個產品能在許多據點銷售；(2)選擇性分配：即零售據點較少一些；(3)獨家性分配：即一個產品在特定範圍內只由一個零售據點進行銷售。

👤 焦點行銷話題

年度精選－臺灣通路行銷 6 大案例

文／楊子毅　Brain. NO.574 2024.02

VR觸及海外買主

品牌：亞洲交通器材

系統商：台灣經貿網

　　亞洲交通器材希望透過線上線下整合行銷，提高品牌曝光度，開發新客戶，獲取更多國際訂單。因此透過臺灣經貿網自媒體及關鍵字行銷全球推播，導流至亞洲交通的臺灣經貿網企業網，並安排於美國汽車售後服務零配件展(AAPEX)及臺北AMPA等重要國際展覽曝光商品，同時與中華民國對外貿易發展協會全球外館合作在地推廣。

AI為消費者找到購物靈感

電商：Yahoo奇摩購物

活動：購物體驗再進化：AI應用實例「玩味風格」、「語義搜尋」

　　Yahoo運用AI與相關技術，綜合消費者平台的購物紀錄、瀏覽數據，持續提供個人化的商品推薦與優化的搜尋體驗，以更貼近消費者所需。

品牌大集結，打造點數生態圈

電商：臺灣樂天市場

活動：Rakuten Rebate嶄新服務進軍臺灣

2023年臺灣樂天市場推出全新返利服務Rakuten Rebate，嚴選全球知名品牌與官網，樂天市場會員只要透過Rakuten Rebate服務購物，即可以賺額外點數回饋。Rakuten Rebate在臺灣樂天服務串起點線面，再以樂天點數與品牌聯盟結合，活化轉換與使用面向，串連起超過千個品牌通路，逐步打造臺灣樂天生態圈。

綠活號召，攜手顧客做永續

電商：momo

活動：momo綠活會員

全民網購時代來臨，網購包材減量與綠色運輸的推進，為電商營運面臨的重要課題。藉由「momo綠活會員」的推出，除了回應消費者對於綠色環保的需求與期待，更強化永續消費客群的經營。

人生不能退，買東西總要能退

電商：蝦皮購物

活動：人生很多不能退，幸好有蝦皮安心退

為提升用戶對蝦皮安心退認知度並觸及競業用戶，增加對蝦皮購物消費的信任度，首先以「人生很多不能退，幸好還有蝦皮安心退」的概念來喚起大眾共感，加深用戶對「安心退」的記憶點。

精準服務上線，預測多元需求

品牌：EASY SHOP

代理商：阿物科技

臺灣國民內衣店EASY SHOP，由於商品性質的限制，數位管道較難提供如同門市專業貼心的服務，再者千筆不同機能款式的商品，人工分類僅憑經驗且耗時耗力，分類也較為粗淺，不一定吻合消費者與市場真正的期待。

11-3　零售與批發

　　零售(retailing)是什麼？事實上，你我每天從起床開始接觸零售商店的機會十分頻繁，從買一瓶礦泉水到曼都剪個新髮型，甚至透過郵購方式買了一部運動器材，以上皆與零售商產生密切的互動。零售指的是將產品或服務直接銷售給最終消費者，作為個人與非商業用途的一切活動[1]。

1 菲力普・科特勒，《行銷管理學》，11版。東華，P.644。

　　因此，一個消費者可以在各式各樣的商店購買所需的任何商品或服務，然而零售商(retail store)便是指其銷售量來自於零售活動的任何企業或機構，而零售活動更是在以下各種單位進行，也就是零售商的主要類型：1.商店零售商；2.無店鋪零售商；3.零售組織。我們最常見的是零售商型態，舉凡食、衣、住、行、育、樂，皆有不同的零售商，同時，他們各自形成了連鎖體系，讓專業分工來達到顧客滿意。一家零售商經營的好壞，各自會因產品或服務，以及諸多因素決定，同時零售商更有其各自的生命週期，我們可以稱為零售生命週期(retail life cycle)。有些零售商店的生命週期很長，有些則短到令人來不及察覺就已經到了衰退期。如何經營零售商店，如何發展連鎖加盟體系，是零售商應努力的方向。因此，不能光只會開店，培養適合的經營管理人才，是零售商的不同型態，我們可依據「服務的水準」(wheel-of-retailing)來做區分。

1. **自助式零售(self-service)**：消費者一般都希望以較低的價格購得商品，雖然必須自行選購自己認為好的商品，但同時使顧客也能有守住自己荷包的權利！

2. **自選式零售(self-selection)**：當顧客選購商品時同時能要求店內服務人員的協助。

3. **有限服務式零售(limited-service)**：此種零售商銷售更多的產品種類，並且對於顧客所需的資訊提供更多的協助。

4. **完全服務式零售(full-service)**：銷售人員在顧客進行要求、比較、選擇的購買過程中，隨時準備提供服務[2]。

2 菲力普·科特勒，《行銷管理學》，11版。東華，P.645。

除此之外，零售業者必須積極發展自有品牌，並做好顧客關係管理，例如透過電子郵件提供顧客資訊，並增加與顧客互動的機會，讓購物是一種美好的經驗，如此，才能在市場立於不敗之地。

11-4　零售業

Practice and Application of Marketing Management

目前零售商的類型大致包括下面各項：

1. **專賣店**：產品線狹窄，產品搭配頗深，同時各產品線內的產品種類較齊全。

2. **超級市場**：以大規模、低成本、低毛利、量大、自助式的營運方式提供消費者相關商品。

3. **便利商品**：規模較小，通常設立在住宅區的附近，銷售一些週轉率高的商品，同時為考量其便利性，經常會配合消費者的需求，進一步更朝創造消費者的新需求。

4. **折扣商品**：以低價吸引消費者，銷售一些毛利較低，同時為大量包裝的商品。

5. **廉價零售商**：以更低的批發價進貨，並且訂定以一般零售價更低的價格，通常是銷售過剩或不再繼續生產的產品。

另外，我們介紹另一種零售商－無店鋪零售(nonstore retailing)，一般來說可區分為四大類別：(1)直接銷售；(2)直效行銷；(3)自動販賣；(4)購貨服務。

除了以上的零售商外，尚有零售組織的型態，包括以下各項：

1. **合作式連鎖商店**：指共有或擁有兩家或更多的零售據點，統一採購和銷售，並在這些零售商店銷售相同的產品線，同時在店面裝

潢相同的設計與風格，同時安排人員進行各項專業工作，如銷售預測、存貨管理、促銷等。

2. **自願連鎖**：指的是由批發商贊助的獨立零售商團體，專門從事採購共同配銷。

3. **零售商合作社**：由獨立經營的零售商共同成立一個採購中心，共同進行聯合促銷活動。

4. **消費者合作社**：由消費者共同經營的零售商店。

5. **特許加盟**：介於特許授權者，與特許被授權者間的一種契約機構。

6. **商店集團**：它是屬於一種沒有任何固定型式的公司組織，它綜合許多不同的產品線與型態不同的零售方式，並且隸屬於同一所有權之下，經過整合後兼具配銷與管理功能。

此外，有關零售商的經營，必須在以下各方面加強：

(1) 產品搭配：朝向差異化方向，並定期推出特色商品或塑造品牌。

(2) 服務與商店氣氛：零售商必須經常提供顧客更不一樣的服務組合。

除此，零售業的未來趨勢：

1. 新式零售型態與其各種組合型態不斷出現。

2. 業態間競爭白熱化。

3. 大型零售商持續出現。

4. 科技化速度越來越快。

批發(wholesaling)指的是上游，製造商進貨，再以一定的價格加成以後，再轉售給零售商、工業用戶，甚至其他的批發商。一般來說，批發業所經營的商品種類很多，各行各業皆有，通常可區分為三大類：

(1) 商品批發商(merchant wholesaler)：即擁有商品的所有權，再銷售出去，通常專精於某些特定型態的商品或顧客。

(2) 製造商的分公司與銷售辦公室(sales branch & sales office)：主要為了控制存貨與提升銷售。

(3) 代理商與經紀商(agent & broker)：是一種功能性的中間商，他們撮合買賣雙方，也許有實體的商品處理，但與商品批發商不同，並未擁有產品的所有權，只經由此處賺取佣金。

除了以上的基本認識，進一步我們要了解批發商的決策，包括了目標市場的選擇、產品決策、推廣決策、信用和收款決策、存貨控制決策等。

🖥 行銷企劃內心話 --

開創通路有時會花費許多成本，尤其上架費是許多公司始料未及！不妨行銷人員先預估費用，才決定是否在此通路上架，同時別忘了價格的區隔！

～負責連鎖通路的業務主管

➡ 行銷部門的一天 --

過去曾經發生蠻牛遭千面人下毒，造成顧客權益受損，若回到第一時間，你是蠻牛的行銷企劃，你如何提出緊急措施？並提出最適的通路策略。

➕ 看他們在行銷

分享你的看法

1. 肯德基近來推出不同口味的蛋撻，請提出下一步你將為肯德基企劃的主題及新產品？

2. 談談麥當勞速食連鎖如何在近年創新？

資料來源：www.kfcclub.com.tw

資料來源：www.mcdonalds.com.tw

焦點行銷話題

暢銷品的通路包裝祕密

邱家緯，動腦雜誌，No.402，P.84~87

當消費者腦中購物清單是空白一片時，在看到陳列架上誘人包裝的那一瞬間，也許就決定了購物籃內要裝什麼商品。

祕訣一、夯顏色 一眼就發現

祕訣二、搶空間 打破框架

祕訣三、圖文巧 訴求清楚

祕訣四、有故事 氛圍包裝

三大要點教您選擇加盟總部

創業搶鮮誌，2009/08，P.56

微型創業者最明顯的特徵就是小本、少人力。因此，在這樣的行銷下，微創族在決定加入加盟體系時便要掌握以下三大要點：

要點一、衡量資金狀況，再決定加盟總部

要點二、具備完善的教育訓練與輔導制度

要點三、具備體制健全的中央廚房與物流配送系統

靈光
一現

焦點行銷話題

五十萬元開店賺錢的十大步驟

編輯部，創業搶鮮誌，2009/09，P.29

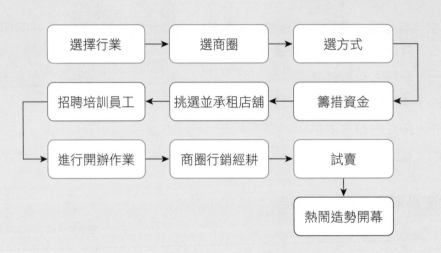

選擇行業 → 選商圈 → 選方式

招聘培訓員工 ← 挑選並承租店舖 ← 籌措資金

進行開辦作業 → 商圈行銷經耕 → 試賣

熱鬧造勢開幕

看他們在行銷

黃色小鴨回來了！

高雄愛河燈會2024年1月27日～2月25日，讓黃色小鴨創燈會人潮，除了愛河上黃色小鴨裝置藝術外，輕軌列車與打卡景點等，都讓高雄愛河雄湧入超高造訪人次！

本章問題

1. 你認為新產品進入市場時通路選擇的關鍵因素？

2. 你對電視購物的看法如何？

3. 「郵購」方式的優、缺點為何？

4. 請你舉出任何一家零售商的特色或吸引你再度光臨的原因。

5. 你認為零售商最主要的任務是什麼？如果有人提供資金支持你，何種型態的經營是你最想嘗試的？

靈光
一現

我的IG企劃

請運用你的想像力，將下列的 IG 中空白處填滿，配合自己拍攝的照片與文字，企劃屬於你自己的主題。

行銷隨堂筆記 ⊕

請你上網找最新的或最喜歡的官網、臉書專頁、產品照，剪貼下來並分享喜歡的理由。

你 の 浮貼

★官網Sample

我喜歡 ....

理由 ....

▲ 資料來源：🔍

你 の 浮貼

我喜歡 ....

理由 ....

★ 產品Sample

▲ 資料來源：🔍

★小編文案Sample

衛生福利部 ✓
1天・🌐

📢衛福小編報報！7月新制報你知～

衛福部 7/1 新制開跑，為民眾的醫療服務…… 顯示更多

7/1新制報你知！

✓ 擴大通訊診察治療適用範圍　　●提升醫療近便性，預估受惠民眾達247萬人。

✓ 未滿7歲加碼6次兒童發展篩檢服務　　●及早發現疑似發展遲緩兒童，提供衛教、追蹤或轉介。●預估113年下半年約40萬名兒童受惠。

✓ 全民健康保險在宅急症照護試辦計畫　　●提供失能患者，住院替代醫療服務，受惠逾5千人。

衛 生 福 利 部

資料來源：衛生福利部臉書專頁

你の浮貼

我喜歡

....
....
....

文案練習

....
....
....

理由

....
....
....

....
....
....

▲ 資料來源：　　　　　　　　　　　　　　　　🔍

Name　　　　　　　Date　　　　　　　評分

訂價策略 **12**

- 介紹價格的意義與訂價策略
- 產品訂價的方法
- 新產品訂價的方法

外送經濟興起，宅在家享受美味已成為現今趨勢，疫情所賜免運活動更是提升外送訂單。

資料來源：https://www.foodpanda.com.tw/

銷售價值而非價格。

菲力普‧科特勒，方世榮譯，《行銷管理學》。東華，P.563。

12-1　前　言

　　價格(price)是在行銷組合中最讓人在乎的一個部分，因為它能創造公司收益，也可能造成公司面臨嚴重虧損，尤其當市場出現削價戰爭或者威脅到公司產品的促銷價時，行銷人員如何保有冷靜且睿智的策略調整，正是價格策略中最困難的部分。然而價格(price)到底是什麼呢？價格不只是商品標籤上的一個數字，它所意涵的是消費者在購買商品或服務時，所需支付的貨幣。價格高或低都會直接影響到消費者的購買意願及決策，因此價格策略經常成為企業的競爭利器。此處我們並不鼓勵企業有如此的心態，「價格」在現在有時也成為主要的廣告訴求，正如屈臣氏的廣告詞「我敢發誓，保證價格最低價」，所以企業遭遇許多的訂價難題，例如：1.企業不知如何面對且回應具侵略性的價格戰；2.如何在不同通路或市場替相同的產品訂定價格；3.在不同的國家，訂定相同產品的價格；4.當市場中仍有公司原本型態產品，而公司又推出改良式的產品時，兩者之間的訂價學問。綜觀上述的問題，可見「訂價」並非是在成本計算後所獲得的價格。因此本章將介紹如何建立一套訂價流程，除此，彙整目前企業所使用的各種訂價方法，同時當企業面臨不同情況時，所應做好的價格調整。

12-2　訂價流程與訂價策略

　　一般來說，影響企業訂價的因素主要分為外部因素與內部因素。外部因素如市場競爭的類型、大環境的變動（例如：政府法令、經濟等）及配合廠商的合作等；而內部因素則為訂價的目標、產品的成本與獲利空間、行銷組合，或者為搭配現階段公司的政策等。然而如何訂定一個最適切的價格，首先我們必須了解一套訂價流程，才不會人

云亦云，經常被外面競爭者追著跑。倘若你跟著價格起舞，別忘了消費者的眼光是銳利的，一不小心你恐怕被他們三振出局。「降價」或許令他們質疑你的產品品質，要想訂定合適的價格，其步驟如下：第一、選定訂價目標；第二、確認需求；第三、估計成本；第四、分析競爭者的成本、價格與產品；第五、選定訂價的方法；第六、選定最終價格，如圖12.1所示。

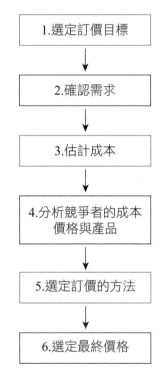

⊃圖12.1　訂定合適價格的步驟

參考資料：菲力普‧科特勒，方世榮譯，《行銷管理學》，11版。東華，P.566。

第一、選定訂價目標

　　多數的公司在訂價時重點不外乎是獲利，但是產品定位清楚，才能為公司帶來持續的成長，惟有定位清楚，公司的目標才能明確。大致來說，企業的訂價目標包括五項：1.求生存與發展；2.獲利；3.最大的市場占有率；4.最大化之市場吸脂；5.產品的品質領先。在此特別說明第4點最大化的市場吸脂，何謂吸脂？舉例來說，幾年前在液晶螢幕推出時，高價格常令大部分消費者不敢消費，但有些追求科技

化的顧客，卻願意支付高價購買，經過一段時間，現在消費者漸漸能接受，只因價格已比之前下降。企業採用市場吸脂方式，依序在不同的市場區隔獲得最大的效益，一般來說，市場吸脂在以下的狀況最適用：

(1) 對當期需求較高的購買者人數夠多。

(2) 少量生產的單位成本不致於太高而導致抵消掉高價所帶來的利益。

(3) 一開始訂定高價格並不會引來競爭者的眼紅。

(4) 產品價格高能產生更高的品質形象[1]。

1 菲力普・科特勒，方世榮譯，《行銷管理學》。東華，P.567。

第二、決定需求

公司所訂的各種價格皆導出不一樣的需求水準，這也直接影響到行銷目標的結果。首先我們先介紹一個重要的名詞「需求彈性」，從圖12.2的彈性需求曲線圖看來：

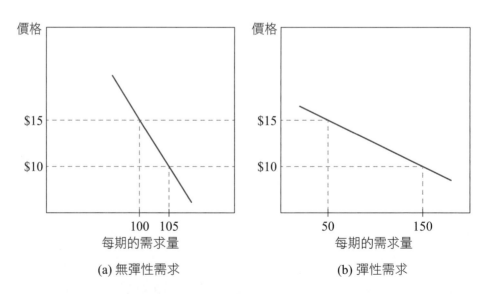

(a) 無彈性需求　　　　　　　(b) 彈性需求

◔圖12.2　無彈性需求與彈性需求

參考資料：菲力普・科特勒，方世榮譯，《行銷管理學》，11版。東華，P.569。

(a)圖中顯示出價格由$10增加至$15，導致需求曲線由105減至100；在圖13.2(b)，作同樣價格變動，結果卻導致需求由150，大幅滑落至50。若因價格的變動而導致需求量僅小幅的變動，或幾乎沒有變動，則稱此需求為無彈性(inelastic)。如果需求產生相當大的變動，則稱此需求具有彈性(elastic)[2]。

消費者對產品需求彈性的大小，往往會影響企業的訂價策略，當需求彈性大時，象徵消費者對價格的變化十分敏感，例如商品漲價時消費者會減少購買量。另外，當需求彈性小時，代表消費者對價格的改變不會有任何敏感的反應，當商品價格上漲時，消費者不會因此減少太多的購買量，相反地，當價格下降時，消費者也不會增加太多的購買數量。

第三、估計成本

多數公司在訂定產品成本時，主要依據固定成本及變動成本，固定成本(fixed costs)，是不管公司的產出如何，只限定每個月固定支付的費用（例如：租金、薪資、利益、能源等），簡單來說：固定成本是代表不隨生產量或銷售收益變動的成本[3]。

而變動成本(variable cost)則與生產水準有直接的相關。例如儀器公司所生產的掌上型計算器，其每部成本包括塑膠、微處理晶片、包裝費用等[4]，而總成本(total cost)就是固定成本與變動成本的總和，公司對產品所能獲得的價格，都會以需求在設定上限，另外，以成本設為下限。

第四、分析競爭者的成本、價格與產品

通常訂價的上、下限決定於市場的需求及公司的成本，因此在訂價時需考量其他競爭者的各項成本、價格及所有之影響價格反應的因素。

2　菲力普・科特勒，方世榮譯，《行銷管理學》，11版。東華，P.571。

3　菲力普・科特勒，方世榮譯，《行銷管理學》，11版。東華，P.573。

4　菲力普・科特勒，方世榮譯，《行銷管理學》，11版。東華，P.573。

第五、選定訂價方法

一般的訂價方法，共有七種，包括：1.成本加成訂價法；2.目標報酬訂價法；3.認知價值訂價法；4.價值訂價法；5.現行水準訂價法；6.拍賣型訂價法；7.群組訂價法。

以上我們將於第三節詳述各項訂價方法。

第六、選定最終的價格

在這個階段中，除了選擇以上的訂價方法外，我們尚得考量其他會影響訂價的因素，包括：心理訂價分享利得與風險訂價，除此，也包含其他行銷組合要素對價格的影響，公司的訂價政策以及價格對其他團體的衝擊等，才能選定最終的價值。

除了以上的步驟外，所有訂價流程皆需密切注意大環境的變化，以及各種經濟指數的變化。

廣告金句Slogan
雅芳比女人更了解女人。
（雅芳）

12-3　產品訂價方法

Practice and Application of Marketing Management

在本節開始我們將延續上一節在步驟五中論及的各種訂價方法，並逐一做清楚的介紹，但在介紹訂價方法前有一個很重要的觀念：價格—品質策略，是我們在制定價格的輔助思考工具，請參見圖12.3。

　圖12.3　九種價格－品質策略

資料來源：菲力普・科特勒，《行銷管理學》，11版，P.565。

從以上圖表中，可協助加強行銷人員對於價格與品質之關連性認知。

以下為公司普遍運用的訂價方法：

1. 成本加成訂價法

為最基本的訂價法，是將產品加計某標準的加成。

可從以下的例子做介紹，以有關烤麵包機製造商的成本與銷售資料為例：

例　每單位變動成本　$10

　　固定成本　　　　$300,000

　　預期銷售數量　　50,000

製造商的單位成本為：

$$單位成本 = 變動成本 + \frac{固定成本}{銷售量} = \$10 + \frac{\$300,000}{5,000} = \$16$$

假設現在公司要求20%的利潤加成，則該成本加成售價為：

$$加成售價 = \frac{單位成本}{（1-期望的銷售報酬）} = \frac{\$16}{(1-0.2)} = \$20$$

因此，製造商將會以每部$20的價格賣給經銷商，同時賺取$4的利潤。

2. 目標報酬訂價法

我們繼續沿用上述的例子，假設上述烤麵包機製造商於該事業已投資$1百萬，並訂價目標為20%的投資報酬率，即$200,000，則目標報酬價格可由下式求出。

$$目標報酬價格 = \frac{期望報酬 \times 投資成本}{銷售量}$$

$$= \$16 + \frac{20 \times 1,000,000}{50,000} = \$20$$

3. 認知價值訂價法

此種方式是考量顧客對產品的認知價值(perceived value)作為訂價的基礎，其組成要素包括：產品績效通路順暢性、品質的保證等，杜邦公司是認知價值訂價法的實行者。

4. 現行水準訂價法(going-rate pricing)

使用此種訂價方法的公司大都參考競爭者的價格做為訂價的基礎，此種方式可以反映產業對價格的整體看法。

除了上述基本四種訂價方法，尚有其他方法，包括拍賣型訂價法(auction-type pricing)以及群體訂價法。

12-4　價格的修正

Practice and Application of
Marketing Management

價格訂了以後，是否會需要修正？當然，因為價格並非一成不變，一般來說，公司並非只有訂定一個固定且單一的價格，而是訂定一個訂價結構，透過這個結構可以反映出每個地區不同需求與成本、購買時機、訂價水準、運送頻率、保證、服務內容及市場區隔的需求強度等不同因素，因此，談到價格的修正策略，大致上可分以下幾項：

1. 地理訂價

包括現金交易、相對貿易以及以貨易貨，其中相對貿易更區分為以下幾項：(1)以貨易貨；(2)補償性交易；(3)購回式協定；(4)抵銷。

2. 價格折扣與折讓

其方式包括：(1)現金折扣；(2)數量折扣；(3)功能性折扣；(4)季節性折扣；(5)折讓。

3. 促銷性訂價

其方式包括：(1)犧牲打訂價；(2)特殊事件訂價；(3)現金回扣；(4)低利貸款；(5)較長期的付款條件；(6)保證與服務合約；(7)心理折扣。

4. 差別訂價

其方式包括：(1)顧客區隔訂價；(2)產品型式訂價；(3)形象訂價；(4)通路訂價；(5)地點訂價；(6)時間訂價。

5. 產品組合訂價

方式包括：(1)產品線訂價；(2)專用產品訂價；(3)兩段訂價；(4)副產品訂價；(5)成組產品訂價。

另外，行銷人員更應時時留意任何可能引起價格波動的因素，並思考用何種方式回應價格之變化，尤其需密切注意顧客的反應、競爭者的反應，才能立於不敗之地。

行銷企劃內心話

我最怕遇到週年慶活動設計一波一波折扣戰，讓我的創意淹沒在一堆數字中，因此良心建議價格擬定要有方法，不要隨市場起舞，否則贏了面子失了裡子。

～週年慶企劃小組

行銷部門的一天

回顧麥當勞10元冰淇淋的促銷低價，你認為此種方法尚有哪些價格策略可以運用？或還有哪些價格策略可變化？

焦點行銷話題

最「台」炸雞配珍奶 - 頂呱呱創新出擊攻占人心

文／陳羿郿 Brain, NO.531 2020.07

2018年，臺灣第一家連鎖炸雞品牌頂呱呱正式插旗美國紐約，與全球擁有近270間手搖飲品牌「美國功夫茶Kung Fu Tea」合作，推出經典組合「炸雞配珍奶」，在紐約市場大受歡迎，這股旋風也就順勢捲回臺灣。

如果將《來自星星的你》劇中那句經典臺詞「下雪天，怎麼能沒有炸雞和啤酒」，場景切換至臺灣的話，可能就是，「大熱天，怎麼可以沒有炸雞和珍奶！」

面對韓式、美式炸雞瓜分臺灣速食市場的激烈戰況，頂呱呱與之匹敵的壓箱寶是什麼？

頂呱呱推超「台」組合餐，明星商品呱呱包紅到美國

在美國，漢堡配奶昔是國民組合，而炸雞和珍奶這兩種食物都是臺灣人的最愛，也是外國遊客來臺必定會吃的名單。

這個組合餐的發想源起，是因為觀察到臺灣人逛夜市時，都會嘴裡啃著雞排或雞腿，手上提著一杯手搖飲；或是網路鄉民看好戲的用語會說「先給我來份雞排加一杯珍奶」。所以頂呱呱就想到可以把炸雞和珍奶做結合，來強化這個特色。於是找了美國功夫茶合作，在頂呱呱菜單上加上珍奶和其他手搖飲的選項。

頂呱呱遍布街邊、商場新潮風格吸引年輕世代

頂呱呱於1974年，在臺北市最熱鬧的西門町開幕，至今全臺有近60家門市，不管是在街上或是在百貨公司裡，都能看到頂呱呱的身影。

劉人豪進步說明，目前街邊店和商場店比例約6:4。開設在商場裡是因為那有基本人流；而街邊店仍以三角窗位址為展店優先考量。也因為現今外送市場崛起，頂呱呱又獨家和Uber Eats合作，之後將會計畫陸續開設以外帶、外送為主的小型店面，用最快速度建置，服務各區域的民眾。

2019年，頂呱呱更進駐遠百信義A13，開設概念店，不管是門市裝潢或菜單，都有截然不同的樣貌。除了販售頂呱呱原有的商品，還加賣咖哩飯、調酒以及美國超人氣甜點店Soft Bite的舒芙蕾鬆餅等。

不花費電視預算，藉媒體報導建口碑，下一步欲透過 App 強化會員經營

　　頂呱呱創辦人史桂丁過去曾提到，與其花大錢做廣告，不如省下投入在產品與服務。

　　目前頂呱呱一個月將近會有約300則媒體報導，曝光度、聲量等也較過去來得高，顯示這樣的行銷方式確實有其成效。

　　下一步，頂呱呱將要推出App，強化會員經營，更具體地知道消費者輪廓。功能包括養成遊戲？預約餐點、商城、累積紅利點數抵消費等。

➕ 看他們在行銷

動漫帶動人氣

　　日本動漫人物鬼滅之刃的魅力，吸引許多粉絲們參加路跑，透過許多週邊商品包裝，將劇中的人物融入在路跑的服飾與配件，粉絲們購買入場券，在三場路跑中實際體驗，此舉商機無限！

圖片來源：https://www.dsrun2023.com/tc/

❤ 產品會客室

耳戴Air Pods手戴Apple Watck把科技感穿戴於身，品牌魅力一觸即發。

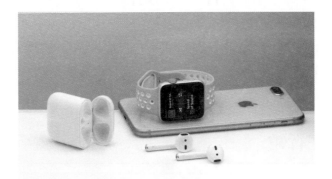

圖片來源：https://www.kirstykianifard.com/podcast

本章問題

1. 請收集三項相似的商品同時陳列在桌上，並為它們訂價。

2. 請想一想日常生活中有哪些商品是以認知價值法來訂價的？

靈光
一現

我的IG企劃

請運用你的想像力，將下列的 IG 中空白處填滿，配合自己拍攝的照片與文字，企劃屬於你自己的主題。

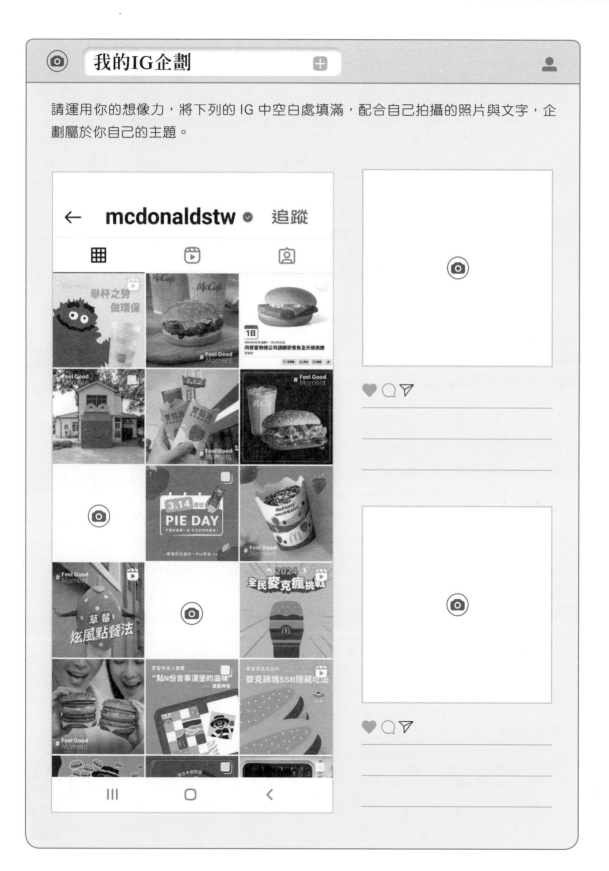

靈光
一現

Q 　**行銷隨堂筆記**　　　　➕　　　　　　　　　　👤

請你上網找最新的或最喜歡的官網、臉書專頁、產品照，剪貼下來並分享喜歡的理由。

你の浮貼

★官網Sample

我喜歡 ⋯⋯⋯⋯⋯⋯⋯⋯　　　　理由 ⋯⋯⋯⋯⋯⋯⋯⋯

▲ 資料來源：　　　　　　　　　　　　　　　　　　　　Q

你の浮貼

我喜歡 ⋯⋯⋯⋯⋯⋯⋯⋯

理由 ⋯⋯⋯⋯⋯⋯⋯⋯

★ 產品Sample

▲ 資料來源：　　　　　　　　　　　　　　　　　　　　Q

★小編文案Sample

Coca-Cola
2019 年 10月7日 · 🌐

【想大快朵頤？請放肆加點吧！】
可口可樂纖維＋
添加膳食纖維，促進腸胃蠕動
就是要幫你暢享美食助消化～

有了這一瓶，嚐遍美食不是夢！
大吃一波前，先買起來！

*一瓶 600ml 可口可樂纖維＋滿足成人一日所需 45% 膳食纖維

你の浮貼

資料來源：可口可樂臉書專頁

我喜歡

文案練習

理由

▲ 資料來源：

Name   Date   評分

廣告、促銷與公共關係 **13**

- 探討廣告的意義與類型
- 介紹廣告決策
- 了解媒體的現況
- 介紹促銷的意義與方式
- 討論公共關係的意義與角色任務

Uber eat請來名人、明星，讓人印象深刻的臺詞：「（應該）都點得到！」成功塑造外送話題，官網美食多元性也深受顧客喜愛。

資料來源：https://www.ubereats.com/tw

最好的廣告不只是有創意，它們還會銷售。

~菲力普・科特勒

13-1　前言

Practice and Application of
Marketing Management

廣告金句Slogan
我不是機器人，我是
人（國際特赦組織）

　　廣告(advertising)幾乎融入你我每天的日常生活中，常常不經意會將廣告詞加入到你我的用語中，甚至包括表情與肢體語言。從早期的廣告曲，如「大同大同國貨好，大同電視最可靠」的大同電視廣告曲，到近年來大家耳熟能詳的麥當勞i'm lovin' it等，真實的打入消費者的心中，尤其在去年幾檔八點檔的連續劇，其中演員的口頭禪，也悄悄成了廣告的臺詞。到底是廣告帶動了消費者，還是消費者創造了廣告，這些皆是許多廣告主努力的目標。透過不同種類的媒體呈現，每一支廣告的創意與訴求，都是學習行銷的重要課題。一般而言，廣告的目標主要包括以下二個方面，首先是企業為達成組織目標，尤其是銷售目標需藉由廣告的刺激與介紹才能促使顧客使用，其次便是廣告目標，廣告目標可依廣告的目的分成下列幾項包括：一、告知性廣告(information advertising)，其目標是針對新產品或是現成產品的特色做更進一步的介紹，以增加產品的知名度；二、說服性廣告(persuasive advertising)，目標在創造產品的喜愛偏好與信心，此類廣告會進一步變成比較性廣告(comparative advertising)；藉此突顯自己品牌的獨特性。另外，尚包含提醒性廣告(reminder advertising)與增強性廣告(reinforcement advertising)等不同的廣告目標，當企業清楚認識自己的目標後，緊接下來每位行銷人員都應具體提出一套有效的廣告策略與方案。除此之外，「促銷」亦經常是企業運用的推廣工具，藉以快速產生消費者購買意願。本章將逐一介紹多樣化的促銷方式，包括樣品、優惠價、抽獎、產品保證、交叉促銷、折價券等各種工具，最後，進一步詮釋公共關係(public relations, PR)。尤其現今企業經常面臨許多未知的危機，甚至被迫在最短的時間回應消費者的問題，若沒有完整且專業的準備，將直接影響企業本身的形象。因此，公共關係是用來提昇與維護公司的聲譽，目前在企業中，普遍皆設立公共關係部門或者由行銷部門共同負責，本文將說明公共關係的決策與主要工具。

13-2 廣告與廣告決策

Practice and Application of
Marketing Management

　　廣告是由某特定的贊助者付費的非人員展示與促銷活動形式，它可傳達理念、商品或服務的訊息。廣告主可能是企業單位，亦可能是慈善機構及政府機構，其皆在向社會大眾做廣告[1]。

1 菲力普‧科特勒，方世榮譯，《行銷管理學》。東華，P.762。

　　我們經常在媒體看見廣告代言人，好比周杰倫為行動電話作代言，有些廣告的歌曲，還會改編成自己的特色，讓聽過的人留下深刻的印象，因此廣告的決策是企業成敗的關鍵。還記得唐先生打破蟠龍花瓶這一則令人記憶深刻的電視廣告嗎？它巧妙的將「網路拍賣」這個科技新寵兒介紹給廣大消費者認識，讓原來對科技陌生的三、四年級的爸爸、媽媽們擁有一次全新的體驗，且拉近了與科技的距離；而選舉期間，各黨的文宣廣告，其影響力更是不可言喻，它的表現手法往往令對手傷透腦筋，甚至獲得壓倒性的勝利。許多的企業逐漸體認到形象與感性行銷，期望在消費者心中占有一個位置，所以行銷部門皆開始思考如何透過廣告來感動消費者，如全國電子的電視廣告中：「足甘心（台語）ㄟ」。

廣告金句Slogan
人生的旅程，未玩待續。（長榮航空）

　　是否應有一套配合企業目標的廣告決策？菲力普‧科特勒在他著的《行銷管理學》書中提到「廣告的五個M」，分別為：使命(mission)、金錢(money)、訊息(message)、媒體(media)以及衡量(measurement)。

一、使命(mission)

　　先前所提的廣告目標與銷售目標。尤其廣告目標的選擇，必須在全盤了解公司所處的行銷階段，例如：當公司的產品已是市場上的領導品牌，此時行銷人員所擬定的廣告目標是再次提高產品的使用量；若公司現階段是新產品上市時期，則廣告目標應著重在產品本身的獨特性與優於其他產品之利益，介紹銷售目標則包括提高銷售數量、增加市占率以及品牌知名度。

二、金錢(money)

決定廣告預算，在規模較大的企業中，通常設有廣告部門，部門人員會收集競爭者在廣告方面的資料，同時廣告代理商也會經常與廣告部門接觸，這對公司在編列廣告預算有積極的幫助。通常廣告預算的決定因素在於：1.產品生命週期，如新產品上市需要編列較多的廣告來增加新產品知名度，往往你會在公車上、捷運站以及廣播中接收到同一家廣告訊息讓你不想認識它也難。2.產品的市場占有率：已有一定程度市場占有率的產品，廣告支出僅需占銷售額較低的百分比，相反的，當我們購買到低市占的商品，我們很可能分擔了較多的廣告支出。3.廣告競爭與干擾：公司為了在眾多競爭中脫穎而出，就必須運用更高的廣告支出。4.廣告頻率：為了不斷傳達產品或品牌訊息給消費者，公司就可能會因廣告頻率高而支付較多的廣告費用。5.產品替代性：有些商品（例如：軟性飲料）往往必須藉大量的廣告來塑造舊品牌形象；即便有些品牌已擁有個別功能與特色，仍舊會運用廣告維持一定顧客群。

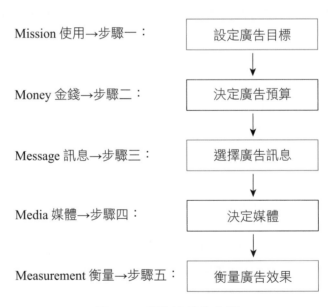

Mission 使用→步驟一：　設定廣告目標

Money 金錢→步驟二：　決定廣告預算

Message 訊息→步驟三：　選擇廣告訊息

Media 媒體→步驟四：　決定媒體

Measurement 衡量→步驟五：　衡量廣告效果

⊃圖13.1　廣告決策的步驟

三、訊息(message)

在圖13.1廣告決策中的步驟三「選擇廣告訊息」，廣告訊息是企業或廣告商透過廣告，傳遞影響目標對象的信念或訊息，許多創意人員的靈感得自於消費者的反應，亦或來自於競爭的廣告刺激。一個好的廣告通常只針對一個主題作訴求，在廣告主開始設計廣告訊息時，必須針對目標視聽眾作訊息定位，並發展一套簡介，包含主要訊息訴求、目標視聽眾、溝通目標、預期效益以及所選擇的媒體。在訊息的執行方式有以下幾種：

1. **理性定位與感性定位**：好比普拿疼迅速解除疼痛，以及「使命必達」(FedEx)，另外感性定位的廣告不勝枚舉，尤其許多汽車的廣告，會以家庭的溫馨與信任感作訴求。

2. **產品自身的利益**：廣告訊息會強調產品的特色、功能與配方，例如：統一四物雞精「讓你有戀愛般的好臉色」。

3. **消費者的使用見證**：透過消費者的使用心得來獲得更多消費者的認同度，我們常看見飛柔洗髮精在街頭實地找顧客嘗試的鏡頭，不由自主的接受了它。

4. **知名人士代言**：廣告訊息若能邀請吸引目標視聽眾的公眾人物作代言，如S.H.E代言速食泡麵以及職棒球員代言主題性商品，皆能創造不錯的效果。

5. **專業人士代言**：廣告訊息若經由具權威的專業人士代言，例如：具權威的醫界人士代言藥品，消費者較能安心使用，其他尚有幽默訴求與創意訴求來打動消費者的心與帶動情緒。以下為近來具代表性的廣告訊息整理。

廣告金句Slogan
強力脫睏（韋恩咖啡）

廣告金句Slogan
嘿！你美麥喔！
（台灣菸酒）

7-11	你方便的好鄰居
全家	全家就是你家
必勝客	披薩熱到家
中國信託	We are family
Nike	Just do it

➲圖13.2　廣告訊息

　　除此之外，廣告標題也是廣告訊息的重要部分。一般來說，廣告標題包括問題式、新聞報導式、命令式、數字（據）式、敘述式以及質問式，最後廣告格式、色彩與插圖，也會影響廣告訊息的呈現效果。

靈光
一現

焦點行銷話題

2024 臺灣年度－ 10 大創意廣告

文／楊子毅 Brain, NO.576 2024.04

跨出國門，來趟難以預料的旅程

廣告主：中華航空

廣告產品：航空客運

篇名：這一刻讓旅行更深刻

廣告公司：艾斯

創意總監：詹育卿

製片公司：浦浦屋

導演：許乾晃

廣告時間：144秒

廣告效益：影片總觀看次數報8,830,000，且較去年同期業績成長224%，並贏得價值$5.16M的媒體主動曝光。

好兄弟重返人間伸張正義

廣告主：全聯福利中心

篇名：不要做壞事系列

廣告公司：臺灣奧美

創意總監：吳至倫

製片公司：藍月電影

導演：羅景壬

廣告時間：120秒

廣告效益：影片上線短短4天，觸及率達到200萬，已累積59萬以上觀看數，超過1千多次分享，7家新聞媒體主動報導。

坐上小貨車與傳統戲曲兜兜風

廣告主：TOYOTA

廣告產品：TOWN ACE

篇名：TOWN ACE文藝復興三部曲

廣告公司：電通邁格瑞博恩

創意總監：周麗君(CCO)、范耀堂(SCO)

製片公司：誠製映画

導演：陳奕瑞、吳仲倫

廣告效益：TOYOTA重回小貨車市場霸主，不僅市占(56%)第一，更贏得臺灣人的心。媒體觸及高達380萬人次，總計超過400萬次觀看，其卓越成效獲得了YouTube年度最大獎。

神秘的夢中情人－屈先森

廣告主：臺灣屈臣氏個人用品商店

廣告產品：屈臣氏寵i俱樂部

篇名：屈先森

廣告公司：聯廣廣告

創意總監：林妙齡

廣告效益：2週內超過10,000則留言，平均互動率超過20%，和一般貼文相比互動成長超過40倍。計有18家媒體報導，更在科技類型與行銷社團引發討論。

洞察憂鬱 AI 譜出心旋律

廣告主：Panasonic、臺灣憂鬱症防治協會

篇名：心的聲音

廣告公司：電通國華

創意總監：陶淑真、文雅慧、陳羿宏、吳美佳、林緯豪

導演：朱言夏

廣告效益：49%的憂鬱症量表填答率提升，及2,600%社群參與度的提升（與去年平均值相較），並有50,000人的校園活動人次參與。

史上最長的貓，你能超越嗎？

廣告主：一錠除

廣告產品：一錠除全效貓用滴劑

篇名：三倍長的貓

廣告公司：春樹科技

創意總監：彭定國

製片公司：一果製作

導演：許子瑋

廣告時間：15秒

廣告效益：高達72％的人看完影片，臉書互動貼文的自然觸及率也高達237％。
且短短2個月，Line好友數一口氣增加40,000人，登入Line產品人數
增加超過2倍，直接帶動銷售成長。

世代的突圍課題，你一定也行！

廣告主：104人力銀行

篇名：突圍

廣告公司：雪芃集團

創意總監：林育立

製片公司：圓圓製作

導演：盧凱文

廣告時間：19分

廣告效益：19分鐘長片雖然不符合現今閱讀習慣，卻打破時的界線，累積總觀看
數431萬，PR媒體曝光量上千萬，也讓「雲門」網路搜尋量成長1.5
倍，榮獲國內紀錄片獎。

一份愛，讓說明書超越文字表述

廣告主：全國電子

廣告產品：電子產品

篇名：爸爸的說明書

廣告公司：ADK臺灣

創意總監：蔡坤烈

製片公司：菩羅影視

導演：許乾晃

廣告時間：531秒

廣告效益：《爸爸的說明書》在YouTube累積167萬次觀看。

默契大考驗，了解秘密喜好

廣告主：香港利潔時臺灣分公司

廣告產品：Durex

篇名：杜蕾斯－愛的性電感應

廣告公司：米蘭營銷策劃

創意總監：藍文良

廣告效益：活動期間，一共15萬對玩家進站體驗遊戲。並進駐情人節最受歡迎的
餐酒館中，成為店內的人氣互動遊戲。另方面吸引中國時報、自由時
報、TRAVELER、評酒趣、美麗佳人等媒體爭相報導。

量測肌肉年齡，警覺肌少問題

廣告主：美商亞培台灣分公司

廣告產品：安素

廣告公司：邁肯行銷傳播

篇名：別讓肌肉年齡比你還老

創意總監：陳泰成

製片公司：本組織映画、藝次元互動科技

導演：賴兆民

廣告時間：25秒

廣告效益：網站日瀏覽人次破萬，進站人次突破61萬，且肌肉相關網路聲量提升
943％。社群影片觀看量則超過550萬次，影片互動率更高達18.8％，
有超過4,000位民眾檢測後立即採取行動。

👤 焦點行銷話題

別小看廣告標語的神奇威力！

劉亦欣，現代保險金融理財，P.113~115；Brain, No.472

一句話　讓品牌深入人心

一句成功的slogan，必須讓人牢牢記住，其至引起購買慾望，才是完美的結局！強調「專業」的金融業，這當然更值得學習。

長久以來。金融業一直以「專業」強調品牌精神，但隨著金融事件層出不窮，以及外資銀行掀起的購併風潮，金融業的品牌到底呈現出何種面貌？銀行與保險公司無不使勁提供專業的服務陣容。但又有幾位顧客記得每家公司的特色？

2023 年第 30 屆廣告流行語金句獎－得獎名單

永恆金句			
金句	商品／服務名稱	廣告主	代理商
年輕人不怕菜，就怕不吃菜！	波蜜果菜汁	久津實業	ADK TAIWAN
十大金句			
金句	商品／服務名稱	廣告主	代理商
今天來聚吧	品牌主張	聚日式鍋物	DDG美商方策顧問有限公司
強力脫睏	韋恩咖啡	黑松企業	DentsuMB
人生的旅程，未玩待續！	疫後信心恢復品牌形象宣傳Campaign	長榮航空	我是大衛廣告
我不是機器人，我是人	支持人權連署行動	國際特赦組織台灣分會	台灣博報堂股份有限公司
嘿！你美麥喔！	台酒生技黑麥汁	台灣菸酒股份有限公司	【格帝集團】思索柏股份有限公司
有人薪傳，就有人回傳	品牌	104人力銀行	雪芃廣告
值得尊敬的不是你做什麼，而是把什麼做到值得尊敬	品牌	104人力銀行	雪芃廣告

十大金句			
金句	商品／服務名稱	廣告主	代理商
有伴用力閃，沒伴擋光害	【蝦皮閃光情人節】	新加坡商蝦皮娛樂電商有限公司台灣分公司	新加坡商蝦皮娛樂電商有限公司台灣分公司
「挺~會玩的！」	夏季促銷活動	台灣米其林輪胎股份有限公司	【格帝集團】思索柏股份有限公司
今天你值得一個驚嘆號！	Fami!ce 全家霜淇淋	全家便利商店	只要有人社群顧問有限公司

資料來源: https://www.brain.com.tw/news/articlecontent?ID=51494

廣告標語除了理性還要感性

回顧以往，曾有許多經典的廣告標語陪伴在你我的回憶裡。

例如：一聽到「好東西要和好朋友分享」，心靈深處不僅會浮現「咖啡」，還會有一種與朋友分享的心情。

「不在乎天長地久，只在乎曾經擁有」這句廣告標語，相信也曾讓許多情侶動心。進一步，用買錶完成一份誓言。

而近期的「這不是肯德基」及「您真內行」，雖然用語不同，但句句皆塑造出肯德基的品牌精神。

因此，企劃一系列具特色的廣告標語，是現今行銷活動不可或缺的一環。

當你開始思索時，下列金融業具代表性的廣告標語，或許可以喚起你的記憶！

◎認真的女人最美麗（台新銀行）

◎We are family（中國信託）

◎好險，有南山（南山人壽）

◎世事難料，安泰比較好（ING安泰人壽）

◎現在的nobody，未來的somebody（第一銀行）

◎萬事皆可達，惟有情無價（萬事達卡）

◎We share（中國人壽）

◎沒說出口的，保誠也聽得懂（英國保誠人壽）

◎喜歡嗎？爸爸買給你（台北富邦銀行）

◎The city never sleeps（花旗銀行）

◎未來就是現在（ING安泰人壽）

◎幸福怎能說不用（台新銀行）

◎做自己，自己做（台新銀行）

（資料來源：動腦雜誌網站）

看了金融業的廣告slogan，是否勾起一些記憶？甚至立刻激起一些新點子？

要引起購買意願才算成功

一般來說，好的廣告，不僅能完整呈現產品或品牌的精神與核心價值。更能提高知名度。但有時廣告也會產生顧客知道有此項產品，卻絲毫沒有購買念頭的現象！

因此，一句成功的slogan，必須要能讓人記住，甚至引起購買行為，才是完美的結局！

到底如何想出一句成功廣告標語？金融業凡事強調「專業第一」的想法下，又該如何適時、適地推出廣告標語來吸引顧客注意？

以下提供一些祕訣與步驟，可做為參考。

在創造廣告標語的祕訣與步驟前，先介紹廣告標語的產生方式：

1. 公司的媒體廣告：許多公司會配合產品或服務，規劃年度的廣告策略與執行方案，委外給專業的廣告公司，或由行銷部門發想一句突出的廣告標語。

　　比如蠻牛飲料的廣告標語「你累了嗎？」當大家看見這句slogan，相信都會莞爾一笑。

2. 為特定的活動企劃：許多公司懂得抓住流行，掌握趨勢，為自己的產品造勢，藉由活動呈現出公司的品牌或產品，也不失為一種跳脫傳統的新作法。

3. 公司原有的企業標語：一般而言，已有相當歷史的公司，都會有一句企業標語。近來，更有人以說故事行銷的方式，強化企業標語的精神。

金融業與其他產業不同之處，在於完成交易的過程中，需要投入「人」的專業與服務。因此，如何掌握第一線人員對產品的認知程度，應該是關鍵要素。

只要能不定期安排公司內部的腦力激盪會議，再搭配激勵措施，鼓勵第一線人員結合介紹產品的經驗與顧客的回應，共同創造一句響亮的slogan，就能發揮一句話的威力了！

廣告標語的呈現型態

面對每天形形色色的媒體文案。顧客有沒有多停留一眼？何種能打動人心？

以下不同型態的廣告標語，或許可做為參考：

1. 質問式廣告標語

2. 專家／名人代言的廣告標語

3. 數字式廣告標語

4. 創意表現的廣告標語

5. 符合現在趨勢的廣告標語

6. 突顯產品／品牌的廣告標語

7. 感性為訴求的廣告標語

8. 能貼近消費者生活的廣告標語

9. 取其諧音或押韻的廣告標語

10. 具想像空間的廣告句

11. 具豐富或教育意味的文字組合

12. 能呈現各世代或各年級生心聲的廣告標語

13. 用音樂或廣告曲來達成

選定廣告標語的型態後。下一步就是如何撰寫成功的廣告標語？

其祕訣不外乎以下各項：

1. 能充分與顧客心靈溝通，引起共鳴

2. 容易記憶，並能容易理解與朗讀

3. 能充分傳達產品的核心利益

4. 能與品牌做呼應

5. 受到公司全體員工認同並喜愛

6. 可結合近來趨勢或關鍵字，讓行銷發揮綜效

7. 能激勵人心

8. 市場區隔鮮明

9. 能展現公司追求成長的企圖心

10. 能創造一股新潮流或話題

　　以上10項秘訣，必須因應公司階段性發展的考量。不過，應特別注意避免出現造成社會批評，或引導社會大眾價值觀偏頗的廣告標語，以免影響企業形象！

　　由公司慎重思考而設計出廣告標語後，接下來便是持續經營，結合活動。

　　例如：麥當勞多年來推出的「布穀拳」櫃台活動，不僅創造互動，亦能帶動現場歡樂的氣氛。

　　以上的例子，並不是要金融業模仿，而是希望能夠把握到類似的精神，讓廣告標語深入人心。

不要忽視一句話的威力

　　最後，撰寫廣告標語的前置工作也不可少。因為要將企業精神或目標用簡短一句slogan表現，並不容易。

　　希望以下幾項步驟，能提供你一些想法：

1. 充分了解目標市場與行銷環境。
2. 確認經營者對廣告句的決策。
3. 掌握市場與競爭者的廣告動態。
4. 留意呈現型態。
5. 考慮時機與曝光率。
6. 讓企業內部有腦力激盪的機會。

　　一句話就能影響許多人。金融業可以運用一句話教育顧客，讓他們認識、感受到專業用心。可不要小看一句話的威力！

四、媒體(media)

　　廣告決策中的第四步驟「決定媒體」，在選擇媒體前，我們必須知道國內的廣告代理商，因為部分企業的廣告活動會委託專業廣告代理商，在臺灣地區知名的廣告代理商約有30家，例如：奧美整合行銷傳播集團(Ogilry & Matcher Worldwide)在臺灣的主要客戶包括聯合利華（多芬、立頓）、遠傳、7-ELEVEN、易利信、百視達、BMW、荷蘭史克美占（普拿疼、樺達錠）、食益補（白蘭氏雞精）、國泰人壽、金百利等，一般的廣告代理商(agency)主要針對廣告主提供以下各項服務：

1. **行銷與廣告企劃**：部分企業雖有各自的行銷部門，產品的企劃與廣告往往未能有清楚的定位，甚至企業的目標也呈現模糊，一旦廣告代理商參與其中一個企劃案，或許能協助行銷部門與企業本身確認行銷目標或者提供調整的企劃提案。

2. **創意與創作**：廣告代理商普遍接觸多種產品與行業，較能以客觀的角度提出創意，同時代理商一般擁有廣告與設計人才，能創造廣告主不同的需求，有時甚至可打破原有的框架，為公司開創一條新路線，目前廣告界經常舉辦廣告創意的競賽與選拔，藉此提供廣告主選擇的參考。

3. **媒體計畫與刊播**：我們經常在電視廣播中不停看見或聽見相同的一家廣告，而且似乎是很有規律地的傳遞訊息，當廣告主擁有一筆廣告預算，廣告代理業能為公司企劃媒體種類與時段，讓預算能發揮極大的效益。然而，電商平台的加入，讓媒體廣告的受眾有了多元不同的變化，競爭更加白熱化（如表13.1）表13.2為媒體的型態，除了安排媒體計畫外，具規模的廣告代理商也能提供國際性服務，尤其能製作國際廣告業務，對有意成為國際化企業有實質的助益，除了建立全球品牌形象外，更重要的是能了解全球資訊，避免廣告的相似性與不符文化風俗。

📑 表13.1　2024電商平台服務公司調查

公司名稱	博客來	momo	pinkoi	蝦皮購物	樂天市場
成立時間	1995年	2004年	2011年	2015年	2008年
公司總部	博客來／臺北	富邦媒體科技／臺北	果翼數位科技／臺灣	蝦皮娛樂電商臺灣分公司／臺北	臺灣樂天市場／臺北
站點分布	全球配送	臺北、新北、臺中、臺南、桃園	臺灣、香港、日本、泰國、中國大陸	臺灣與東南亞7國、巴西	臺北
金流	信用卡刷卡、超商繳款、貨到付款、電子支付（AFTEE、LINE PAY、街口支付、OPEN錢包、icash pay、悠遊付）、ATM付款、銀聯卡	N/A	N/A	樂購蝦皮	N/A
物流	國內7-11店取及宅配、國外店取、智能櫃及宅配	N/A	N/A	四大超商物流、宅配、蝦皮店到店	店家自行出貨
主要競爭優勢	博客來1995年成立，現為臺灣五大電商，也是臺灣圖書、影音第一大通路，持續拓展百貨商品，可配送全球超過153個地區，海外取貨點多達7,088處，以「在購物中思考，在閱讀中進化」為品牌核心價值，以簡易、貼心的購物介面及流程，便捷的出貨速度，提供美好的購物體驗。	momo經營電視、網路及型錄，完整虛擬通路布局，著重客戶體驗，從服務力、行銷力與商品力，隨時隨地提供消費者物美價廉的優質商品與服務。	跨境設計購物網站Pinkoi，目標打造一個讓生活更美好的設計生態圈。Pinkoi是一間SaaS服務的公司，賦能設計師進行跨境銷倍的創意平台，運用獨創的AI模型，協助設計師快速進行廣告決策。目前在臺灣、日本、香港、曼谷等地設據點。	蝦皮購物是整合商城、平台直送、拍賣服務的一站式電商平台，並以娛樂電商為定位，整合直播、遊戲，推出電子票券、蝦皮跨界夥伴聯盟兌換券等全方位生活服務，聯手Meta、Google推出新型態社群廣告、建立品牌會員機制等CRM系統，讓電商平台成為品牌數位行銷渠道。	臺灣樂天市場為日本樂天集團於海則成立的第一家子公司，自2008年成立以來，成功地為臺灣電子商務市場注入新的活力，也為廣大的消費者提供多樣化的優質商品、完善的服務及創造愉快的購物經驗。樂天市場集結近萬個電商品牌與網路賣家，商品豐富涵蓋食衣住行，提供消費者優質的網購服務，注重以創音之獨特的經營模式及樂天點數回饋機制，創造出獨特的購物娛樂體驗，同時透過樂天點數串聯整個生態圈，讓會員可以遊走於不同服務體驗中。

👤 焦點行銷話題

臺灣年度行動、家外 10 大案例

Brain, NO.520,2019.08

1. 消失的文章，體驗孩子學習的被剝奪感

　　臺灣偏鄉教師流動率高，隨時都會中斷孩子的學習。如何讓成長環境不同、學習資源豐富的都人，能理解此嚴重性並主動捐款？Sony Mobile決定從消費者生活習慣中置入一場體驗，讓大家在習以為常的情況下，突然感受到偏鄉孩子失去老師的不舒服。

2. 品牌邀尬舞，擴散短影音創作

　　2018年7月Zespri紐西蘭奇異果此波宣傳主題「打開就可以能」，是在現人代人生活壓力大背景下延伸而出，Zespri希望讓消費者打開心，深入體驗並參與。

3. 遊戲選角3D廣告，創新互動體驗

　　OVERHIT由韓國手遊大廠NEXON發行，以華麗精緻的視覺風格與全3D的美術設計，在日韓上線時已圈粉無數。中文化遊戲在臺開放下載，要如何在手遊紅海中，讓手機用戶透過廣告就能即刻感受遊戲特色？

4. 串接天氣條件，精準投放受眾

　　阿華田新品上市，想藉由農曆年期間寒流的溫度，讓阿華田不只是可可飲品，而是能帶給消費者溫暖人心的形象。艾普特便建議採用客製化串接天氣數據的個人化廣告，針對消費者當地的天氣狀況進行投放，將黃金預算投遞給對的地區、對的時間、對的人。

5. 客製化素材，用溫度創造熱度

　　已在臺擁有30年歷史的伏冒，為了能更即時及有效的傳遞訊息，結合域動行銷的專業數據分析平臺，從眾多且多元的數據中，協助伏冒解決問題，找到更適合的受眾旅群，分別以不同的策略針對不同受眾投遞廣告，達到行銷目標，提升廣告成效。

6. 結帳後別走開，看則廣告來抽獎

　　客戶為韓國觀光公社，慶祝訪韓旅客突破100萬，運用高度曝光效果表達100萬個感謝之外，並且透過贈送超商咖啡、機票的誘因，藉此再行銷韓國旅遊。

7. 公車亭飯店，設下人流駐足熱點

洲際酒店集團(IHG)旗下精品酒店品牌，也是亞洲第一間金普頓大安酒店於2019年3月開幕，期許藉由創意公車亭，讓民眾得知全新品牌入駐臺灣，炒熱討論度，衝高住房率。

8. 手扶梯刺繡廣告，創造觸覺體驗

礁溪老爺酒店欲挑戰全臺最難執行的第一座手扶梯刺繡廣告，以吸睛的首創刺繡，與大人才懂的任性道理，吸引民眾好奇觀看，不只要匆忘的上班族們，慢下來用心感受，更要用「手」體會。

9. 咖啡杯手拉環，打造沉浸式場景

統一左岸咖啡 欲運用捷運車廂創意廣告炒熱聲量，維繫品牌知名度，進而提高銷售業績。

10. 品牌上街頭，打卡城市地標

快速建立Omar Whisky在日本及美國紐約的廣泛品牌識別度，透過「城市地標媒體」廣告（針對商務人士及觀光客），來建立鮮明的品牌辨識度。

📋 表13.2　媒體的型態

媒體類型	優　點	限　制
報紙	彈性；即時性；廣泛涵蓋地區性市場；廣泛被接受；可信度高。	時效較短；再生品質差；轉閱讀者少。
電視	結合視聽與動作的效果；感性訴求；引人注意；接觸率高。	絕對成本高；易受干擾；展露瞬間消逝；對觀眾的選擇性低。
郵寄信函	可對聽眾加以篩選；彈性；在相同媒體中無競爭者；個人化。	成本相當高；會產生「濫寄」的印象。
收音機	可大量使用；有較高的地區性與人口變數選擇性；低成本。	只有聲音效果；注意力不如電視；非標準化的比例結構；展露瞬間消逝。
雜誌	有較高的地區性與人口變數選擇性；可靠性且具信譽；再生品質較佳；時效長；轉閱讀者多。	購買的前置時間長；某些發行全屬浪費；刊登的版面未受保障。
戶外廣告	彈性；展露的重複性高；低成本；競爭性低。	對聽眾不具選擇性；創造力受限制。
電話簿	地區涵蓋頗佳；可信度高；接觸率高；成本低。	競爭性高；購買廣告的前置時間很長；創造力受限制。

表13.2　媒體的型態（續）

媒體類型	優　點	限　制
通訊函	有非常的選擇性；完全的控制；有互動的機會；成本相當低。	成本可能逐漸上升。
小冊子	彈性；完全的控制；訊息具戲劇性效果。	過量製作可能提升成本。
電話	許多用戶；有個人接觸的機會。	除非用戶自動打進來，否則成本很高。
網際網路	高度選擇性；有互動的機會；成本相當低。	在某些國家與少數地區可以之為相當新的媒體與少數的用戶接觸。

資料來源：菲力普・科特勒，方世榮譯，《行銷管理學》，11版。東華，P.725。

五、衡量(measurement)

　　媒體選擇與規劃，必須思考下列幾個重要因素：1.目標聽眾的習慣；2.廣告訊息的特性；3.廣告標的的特性；4.評估媒體的成本。

　　媒體展露(media exposure)表示目標聽眾在接受到廣告後，對某一種品牌的知曉程度，如何了解展露效果的高低，可由以下三種數據而決定。

2　張國雄，《行銷管理學》。雙葉，P.378。

1. **接觸率(R: reach)**：意指在某一特定時間內，接觸到某一特定媒體至少一次的目標視聽眾（個人或家庭單位）。

2. **頻率(F: frequency)**：意指在某一時間內目標視聽眾（個人或家計單位），接觸到某一特定媒體的次數。

3. **影響力(I: impact)**：意指某一媒體，展露一次所產生的定性價值(qualitative value)。

　　例如：某一家企劃廣告活動廣告媒體選擇雜誌，其接觸率(R)為8萬人，期望展露頻率為5次，則此雜誌的總展露數目為40萬人次。另外選擇廣告媒體可運用每千人成本(the cost per thousand)來評估，例如某雜誌的廣告費用為40萬元，讀者約60萬人，則每千人成本為666元[2]。

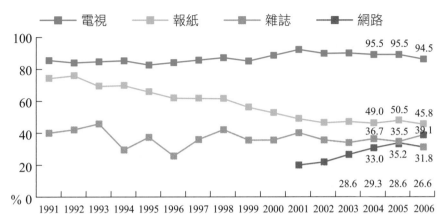

資料來源：Nielsen媒體研究。　　　　　　　　　2007年5月動腦編輯部製表

樣本數：2000~2004/7,500人，2005~2006/10,000人。

受訪者年齡：2000~2004/12~60歲，2005~2006/12~65歲。

註：雜誌數字為過去一週／兩週／一月的接觸率，其他媒體皆為昨天接觸率。

⊃圖13.3　臺灣媒體接觸率

焦點行銷話題

Uber Eats 全新廣告

文／Brain, 2024.1, P74-75

代言人沈春華 林書豪挑戰極限

　　Uber Eats 2023年12月公布金鐘新聞主播及主持人沈春華與2019NBA總冠軍及現職新北國王球員林書豪擔任臺灣代言人，充滿話題性，此次也以劇情式腳本，以點不點的到做為核心發想概念，來呈現隨時能滿足消費者的實際需求。

緊湊劇情，反映代表人現實生活

　　在沈春華代言Uber Eats的廣告中，全力衝刺撞倒紙箱，滑行逃跑，為了守住機密文件，強調現實生活中雖然點不到頭條，確能點到油條。而另外一個代言人林書豪，劇情中他用Uber Eats點了希望能讓球技更加精湛的教頭，結果是在Uber Eats點的到做飯的蒜頭。

　　Uber Eats於2016年成立，至今推廣至45個國家，6,000個城市，匯集超過40萬多家合作商家，目前在臺灣其營運範圍包括18個城市，與超過75,000家嚴選商店合作。

焦點行銷話題

微電影企劃心法

文／許惠捷 Brain, No.433

Lativ如何規劃品牌故事？爽健美茶的《秘密》為什麼分集播出，和行銷策略有關嗎？品牌用微電影能達到甚麼效果？Nike的廣告「活得精彩」算是微電影嗎？

這是臺灣網路服飾品牌Lativ，為了傳遞「簡單、單純」的品牌精神，在2012年3月底上傳到YouTube的微電影《代課老師》，全長7分鐘一次播出，一個月已經累積超過20萬人觀看。

過去微電影大部分是音樂錄影帶或電影宣傳片，但是今年開始，愈來愈多非娛樂產業的品牌搭上微電影熱潮，做為和消費者溝通的行銷工具。

微電影怎麼做？

品牌微電影是如何企劃製作的？有哪些步驟？該注意些甚麼？

1. 發想故事的概念

     Lativ的數位行銷公司彩宸風尚總經理黃元泰表示，在規劃內容的前期，會先設定好故事的概念和呈現風格。

2. 尋找說故事的人

     《代課老師》是由許肇任擔任導演，他拍過多部偶像劇，如《愛情合約》、《我們結婚吧！》、《牽紙鷂的手》等。

3. 溝通品牌的感覺

     就如林依晨在為品牌代言之前，也曾經到Lativ的物流中心參觀，彩宸風尚也帶著導演到工廠實地走訪，包括用手抽驗衣服的質感，了解產品出貨的過程、員工工作的情況和工廠整體的氛圍，也安排和Lativ的經營者見面，親自認識經營者以及經營品牌的想法，讓導演從每一個關於Lativ的細節中，捕捉到對這個品牌的真實感。

4. 顧好每個製作環節

     燈光、音樂和影片剪接，都要經過來回不斷的討論。特別是音樂，很多林依晨回憶和小朋友相處的場景，都是用音樂來傳達老師內心深刻的感情。

茶裏王－妙語如珠觸動上班族的心

文／邱品瑜 Brain, NO.486 2016.10

在競爭激烈的茶飲料市場，茶裏王如何花招百出，無論是在產品新包裝，還是廣告，都能讓消費者品嚐到「回甘」的好滋味？

「茶裏王，回甘就像現泡」經典的廣告標語，深植人心。但想要在強敵環伺的飲品市場異軍崛起，除了產品力，適時的製造話題，不斷「提醒」消費者品牌的存在，也很重要。

茶裏王近期推出的「辦公室異想連續句」在社群媒體上不斷發酵，上片一週總瀏覽人數破百萬人次，FB主動分享人數達2,800次人.

「上班打卡是用來證明人可以跑得比時間快的，你今天破記錄了沒？」、「同事是用來回答你中午要吃什麼的，你今天點名了沒？」茶裏王這波妙語如珠的新包裝行銷活動，出自廣告代理商ADK創意群總監蔡坤烈團隊之手。

蔡坤烈受訪時表示，由於茶裏王定位為「上班族的代言人」，所以新包裝上的文案，除了要能說出上班族的心聲外，更重要的是加了點「異想」，讓上班族能會心一笑，就如同茶裏王多年來強調的產品特色一樣，喝完會「回甘」。

🖥 行銷企劃內心話 --

有時沒有錢做廣告，絕對別放鬆下來，坊間有許多競賽或活動可加以利用，藉此打打知名度，同時與廣告公司合作時，可別忘了公司的主要目標免得越做越離譜，尤其產品定位可不行說改就改，行銷人員要有定見把關。

～資深行銷

➻ 行銷部門的一天 --

1. 網路上的廣告型式有許多型式，可否下載其中任何一則廣告，重新改編文字內容，並選擇新的廣告型態。
2. 亞力山大與蠻牛的危機公關處理能力如何？

13-3　促　銷

Practice and Application of
Marketing Management

　　談到促銷(sales promotion, SP)可以說明公司經常使用的行銷工具，舉凡拉環對獎、百萬獎金抽獎、購物送贈品、刮刮樂等，每個公司無不使出各種奇招來刺激消費購買，大致來說「促銷」指的是企業運用各種誘因，來鼓勵流通業者或一般消費者購買商品，甚至進一步鼓勵業務積極銷售，所以促銷的內涵除鼓勵公司的業務員外，包含二大類：一是推式促銷，二是拉式促銷。

1. 推式促銷

　　主要是製造商針對批發商、零售商或其他中間商的促銷，我們可以常常發現，就是當中間商合作意願低落時，相對的，對消費者的促銷也有可能不易成功，因此，談到促銷時應注意到各種細節，有關推式促銷，主要傳達一些概念。

　　製造商一般進行的是推式促銷，目的主要如下：

(1) 新產品或產品改良之上市。

(2) 增加新包裝或新尺寸產品的涵蓋面。

(3) 將過多的存貨向前移轉，以免積壓資金。

(4) 維持或增加在零售商的櫥窗展示空間。

(5) 減少過多的存貨，並增加週轉率。

(6) 反制競爭者的促銷活動。

(7) 儘量賣得更多給最後消費者。[3]

　　因此，為達到以上七項目的，一般製造商多會推出以下各種推式促銷型態：(1)零售商津貼；(2)聯合廣告和賣方支援計畫；(3)零售商銷售競賽；(4)特殊購買點展示；(5)訓練計畫；(6)展覽。

3　洪順慶，《行銷學》。福懋，P.404、P.408。

4　洪順慶，《行銷學》。福懋，P.404、P.408。

2. 拉式促銷

　　拉式促銷在於企業提供額外的獎賞或誘因給消費者，以激勵消費者從事某些消費或購買的行動。針對消費者的促銷活動，主要分為兩種：(1)立即式；(2)延緩式。

(1) 立即式的活動方式，包括折價券、免費樣品之試用、紅利包包裝內的贈品。

(2) 延緩式的活動方式，包括購後退款、包裝內另附折價券。[4]

　　當我們初步了解促銷的基本型態後，我們必須懂得如何製訂一套促銷決策，其步驟如下：

　　步驟一：建立促銷的目標。

　　步驟二：選擇消費者促銷工具。

　　步驟三：選擇交易工具（例如：折價、折讓或免費商品）。

　　步驟四：選擇商業或銷售人員促銷工具。

　　步驟五：發展促銷方案（例如：銷售競賽、紀念品）。

　　步驟六：促銷方案的預試、執行、控制與評估。

　　另外特別需要了解的消費者主要促銷工具類型，包括：(1)樣品；(2)折價券；(3)優惠價；(4)贈品；(5)熟客方案；(6)競賽；(7)摸彩；(8)遊戲；(9)酬賓活動；(10)免費試用；(11)產品保證；(12)聯合促銷；(13)交叉促銷。

　　以上各項促銷型態的選擇與運用，需要一系列完整的方案規劃，才能具體發揮效益。

13-4　公共關係

談到公共關係(public relations, PR)前，我們在探討公共關係時，常會對公共關係部門的工作任務有些模糊之處，因此，首先讓我們先了解公共關係部門的工作內容：

1. 媒體關係的維繫。

2. 產品的報導與分析。

3. 與公司的溝通。

4. 遊說。

5. 諮詢。

6. 與地區保持良好關係。

7. 與非營利組織保持良好關係，以獲得支持。

8. 提供具有時效性或吸引力的資訊，以引起大眾注意。

除以上的認識外，公共關係也經常藉書面資料來影響目標市場，包括年報、雜誌、公司新聞稿等，尤其公共關係的運用手法，也經常結合事件或趨勢來強化主題，以增加企業的行銷目的。

以下是行銷部門在公共關係的決策流程：

步驟一：建立行銷目標

其目標如：將滿意的顧客轉化為忠誠顧客，建立主要目標市場及社群經營。

步驟二：公關訊息與工具的選擇

步驟三：計畫的執行與結果的評估

Practice and Application of
Marketing Management

13-5 發展最佳的促銷組合

在上述二節中已得知促銷的內涵與工具後，如何發展出最佳的促銷組合，我們應了解以下五大項影響促銷組合決策的因素：

1. **市場的本質**：如果我們無法確實得知目標顧客的特性，就難以達到促銷的目標，否則將會大幅度耗損人力、財力與物力。

2. **產品的本質**：尤其現在的產品，產品生命週期變化迅速，如何設計有效的促銷組合，是所有促銷方案成功與否的關鍵，不同商品的促銷組合完全不同，例如：高科技商品、消費品與食品等，各自有各自的商品主要本質與特質。

3. **產品的生命週期**：行銷人員應隨著產品不同的生命週期做調整，例如在產品導入期，行銷方式著重在介紹新產品的優點，藉由這種的互動拉進與通路人員間的彼此距離。

4. **產品的價格**：往往低價產品無法使用高單位成本的人員銷售方式來促銷產品，相反的，廣告就成了向大眾推銷低單價產品之最佳選擇，例如飲料、口香糖等。

5. **促銷的預算**：預算的考量常常會影響促銷成功與否的關鍵性，尤其，因促銷而衍生出的費用，往往就令促銷失去其目的。

表13.3　2021~2022上半年主要媒體廣告量

廣告量：千元

媒體	2022Q1	較去年同期成長率	2022Q2	較去年同期成長率	Q2較Q1成長率	2021H1	2022H1	較去年同期成長率
無線	738,255	7.65%	746,068	9.54%	1.06%	1,366,885	1,484,323	8.59%
有線	3,907,105	4.09%	3,899,401	6.16%	-0.20%	7,426,627	7,806,506	5.12%
報紙	196,848	-29.49%	219,472	1.41%	11.49%	495,626	416,321	-16.00%
雜誌	249,226	-8.00%	290,277	-0.87%	16.47%	563,713	539,503	-4.29%
廣播	352,549	-0.91%	337,544	-2.06%	-4.26%	700,416	690,093	-1.47%

表13.3 2021~2022上半年主要媒體廣告量（續）

媒體	2022Q1	較去年同期成長率	2022Q2	較去年同期成長率	Q2較Q1成長率	2021H1	2022H1	較去年同期成長率
戶外	1,125,626	-3.41%	1,000,093	-26.42%	-11.15%	2,524,489	2,125,719	-15.80%
總計	6,569,609	0.91%	6,492,854	-1.13%	-1.17%	13,077,757	13,062,464	-0.12%

資料來源：尼爾森媒體廣告監測服務(AIS)

附註：2021年度權值：無線0.053，有線0.048，報紙0.220，雜誌0.310，廣播0.210，戶外0.600

2022年中權值：無線0.053，有線0.050，報紙0.222，雜誌0.330，廣播0.210，戶外0.670

表13.4 2021~2022上半年前十大類產業廣告量表現

廣告量：千元

2022排名	Top10大類	2022Q1	較去年同期成長率	2022Q2	較去年同期成長率	Q2較Q1成長率	2021H1	2022H1	較去年同期成長率
1	醫藥美容類	1,613,026	1.8%	1,590,513	-2.2%	-1.4%	3,210,338	3,203,539	-0.2%
2	電腦網路資訊類	711,227	7.1%	612,924	-14.4%	-13.8%	1,379,987	1,324,151	-4.0%
3	其他類	359,993	0.6%	377,676	-8.0%	4.9%	768,420	737,669	-4.0%
4	家用品類	324,657	38.8%	361,541	71.4%	11.4%	444,741	686,198	54.3%
5	食品類	362,554	1.4%	306,645	20.2%	-15.4%	612,516	669,200	9.3%
6	家電類	263,184	18.0%	386,373	-5.9%	46.8%	633,816	649,557	2.5%
7	服務類	299,271	2.0%	261,739	17.3%	-12.5%	516,718	561,011	8.6%
8	建築類	264,308	-25.9%	261,372	-24.1%	-1.1%	701,152	525,679	-25.0%
9	交通工具	267,763	-4.9%	257,258	-0.1%	-3.9%	539,074	525,021	-2.6%
10	文康類	251,098	-8.6%	256,187	3.8%	2.0%	521,476	507,285	-2.7%
小計		4,717,082	1.9%	4,672,227	-0.6%	-1.0%	9,328,238	9,389,309	0.7%

資料來源：尼爾森媒體廣告監測服務(AIS)

附註：2021年度權值：無線0.053，有線0.048，報紙0.220，雜誌0.310，廣播0.210，戶外0.600

2022年中權值：無線0.053，有線0.050，報紙0.222，雜誌0.330，廣播0.210，戶外0.670

➕ 看他們在行銷

分享你的看法

1. 試建議頂好在促銷方面的新作法。

2. 試比較COSTCO、家樂福在促銷方面之差異。

資料來源：https://www.costco.com.tw/

焦點行銷話題

2023 十大廣告金句出爐

　　由動腦廣告人俱樂部主辦，動腦雜誌協辦，第30屆的2023年廣告流行語金句獎，於5月7日舉辦評審會議。評審團從參與的265件作品中，歷經初選、複選、決選等慎重的過程，選出20個入圍廣告流行語金句，再從中選出「年度十大廣告金句」。

2023 年十大廣告金句

永恆金句			
金句	商品／服務名稱	廣告主	代理商
年輕人不怕菜，就怕不吃菜！	波蜜果菜汁	久津實業	ADK TAIWAN
十大金句			
金句	商品／服務名稱	廣告主	代理商
今天來聚吧	品牌主張	聚日式鍋物	DDG美商方策顧問有限公司
強力脫睏	韋恩咖啡	黑松企業	DentsuMB
人生的旅程，未玩待續！	疫後信心恢復品牌形象宣傳Campaign	長榮航空	我是大衛廣告
我不是機器人，我是人	支持人權連署行動	國際特赦組織台灣分會	台灣博報堂股份有限公司
嘿！你美麥喔！	台酒生技黑麥汁	台灣菸酒股份有限公司	【格帝集團】思索柏股份有限公司
有人薪傳，就有人回傳	品牌	104人力銀行	雪芃廣告
值得尊敬的不是你做什麼，而是把什麼做到值得尊敬	品牌	104人力銀行	雪芃廣告
有伴用力閃，沒伴擋光害	【蝦皮閃光情人節】	新加坡商蝦皮娛樂電商有限公司台灣分公司	新加坡商蝦皮娛樂電商有限公司台灣分公司
「挺~會玩的！」	夏季促銷活動	台灣米其林輪胎股份有限公司	【格帝集團】思索柏股份有限公司
今天你值得一個驚嘆號！	Fami!ce 全家霜淇淋	全家便利商店	只要有人社群顧問有限公司

資料來源：https://www.brain.com.tw/news/articlecontent?ID=51494

廣告金句反映社會現況

廣告是社會文化的縮影，而廣告語則反映出當代的社會現象和流行趨勢。

今年評審主委賴建都於會後總結，整理出今年金句呈現出三大社會現象：一、廣告生活口語化；二、外來文化加入，呈現新住民（例如：外傭）比例增高，影響流行語；三、廣告反應消費文化的需求。

廣告語透露消費者心聲

廣告語能表現出消費者焦慮的生活狀態，蔡詩萍說，有一些無奈的心情也可以從廣告語裡透露出端倪。例如：白蘭氏「肝苦誰人知」、南山人壽「好險有南山」、黑松沙士「Play不累」，用的都是偏負面的詞語。

相對於負面、焦慮、無奈的心情，一些正面積極的句子也頗受評審青睞，在評審第一輪中就跳出來：雄獅文具的「想像力是你的超能力」俏皮可愛，正面精神層次擴大。波蜜果菜汁「青菜底呷啦」這一句以吃不到菜的現實生活背景為廣告語，傳神有趣、易懂易記。

2023 年廣告金句創作比賽

社會組		
金句	商品／服務名稱	得獎者
生活的苦不總會回甘，但茶湯會	茶湯會	春水堂人文茶館
好孕，一夜置腹	試管嬰兒療程	送子鳥生殖中心
成功人士也甘願躺平	床墊	Simmons席夢思
早點這樣享就對了	早餐系列	麥當勞
放芯，喝吧！	馬利拉濾水壺2.4L	Brita
懂你的勃樂	壯場藥	犀利士
校園組		
金句	商品／服務名稱	得獎者
不怕禿然找上門	落建生髮液	落建
快漱還你好口氣	全效護理漱口水	李施德霖
沒有你，我怎麼拌	維力炸醬罐	維力食品工業股份有限公司
長出你落下的姻緣線	生髮液	落建
熱臉，貼你的冷屁股	暖座馬桶蓋	和成HCG
蟎不住了！	除蟎吸塵器	Dyson

資料來源：https://www.brain.com.tw/news/articlecontent?ID=51494

2023 十大社群廣告金句

金句	商品／服務名稱	廣告主	代理商
勸敗語錄	蝦皮3.3品牌購物節	新加坡商蝦皮娛樂電商有限公司台灣分公司	新加坡商蝦皮娛樂電商有限公司台灣分公司
肉育部百科	蝦皮吃貨節	新加坡商蝦皮娛樂電商有限公司台灣分公司	新加坡商蝦皮娛樂電商有限公司台灣分公司
中元節鬼問題	中元節行銷活動	家樂福	春樹科技股份有限公司
「國飽珍鷄」	皇帝御製麥當勞分享盒	和德昌股份有限公司麥當勞授權發展商	春樹科技股份有限公司
隨心所欲的感覺蒸棒！	寶寶副食品調理盒	樂扣樂扣LocknLock	雲時代數位有限公司
不「Cry」時尚－牛仔舊衣重生計畫	精準數位CSR公益活動	精英公關集團－精準數位	精準數位策略行銷顧問股份有限公司
七夕詩集	蝦皮安心退	新加坡商蝦皮娛樂電商有限公司台灣分公司	新加坡商蝦皮娛樂電商有限公司台灣分公司
肯德基即將與蛋撻「劃分界線」？	肯德基梅果奶酥撻	富利餐飲股份有限公司	創異公關顧問股份有限公司
真正的獨立，從第一次繳稅開始。	台新優惠市集FB粉專信用卡繳稅行銷	台新國際商業銀行股份有限公司	詮識數位股份有限公司

資料來源：https://www.brain.com.tw/news/articlecontent?ID=51494

👤 焦點行銷話題

募資夯話題 × 尋味故事分享－我是大衛廣告攜手黑松茶尋味 用味道維持品牌偏好

文／李敏勇　Brain, NO.518 2019.06

　　黑松茶尋味主要消費者為年輕族群，除了找來偶像楊丞琳代言，也要挑選對的平臺、議題與消費者溝通，「在社群上要吸引年輕族群注意，創造話題，除了亮限的idea，針對他們的喜好對症下藥也很重要。我們選擇吸引年輕族群的募資議題，打造本次《黑松茶尋味氣味故事募資計畫》，並邀請各領域名人寫下自身氣味故事，成功吸引消費者目光、引發討論，更透過實際參與，與黑松茶尋味產生更深的連結。」

　　活動能成功引起熱烈迴響，簡郡慧認為有三個因素：題材符合消費者偏好、募資活動型態特殊及生活經驗引發的深刻共鳴，「從消費者會關注的募資風潮下手，帶入品牌理念，是增加消費者對產品特色的理解與好感的第一步。此外，我們也製造了非常多元的故事內容分眾溝通，成功吸引不同族群的注意與討論。此外，這次將黑松茶尋味的『耐人尋味』產品特色轉化成茶香水作為贊助回饋，不僅巧妙回扣產品利益點，更同步增加消費者參與及分享誘因。」

靈光
一現

焦點行銷話題

360 度出招　公關面面俱到

文／編輯部 Brain, No.429

楊丞琳真情告白　白蘭氏成功創造話題

想當個亮麗出色的OL，卻老是被不穩定的肌膚狀況扯後腿嗎？看準現在OL普遍出現工作壓力大、作息不正常，還有常外食的問題，白蘭氏美妍纖棗飲特地請來藝人楊丞琳，和大家一起分享如何對抗美肌三害。

這場由格治公關企劃的記者會，除了為產品重新定位、強調產品取得的健康認證外，會上也宣布白蘭氏第一家虛擬商城開幕。記者會中格治公關安排楊丞琳真情告白，透露自己因為工作忙碌、代謝不佳，曾有便祕的情況，果然吸引戲劇線媒體的目光，也順勢襯托出商品功效。

而為了和虛擬商城的開幕活動連結，會中還特別設計在楊丞琳鎖骨貼上商城貼紙的橋段，讓粉絲可以近距離掃描，充滿話題性的畫面吸引不少媒體拍攝，成功獲得231篇的媒體露出。

靈光
一現

♥ 產品會客室

　　蜜柑小貓咪被捷運橋頭糖廠站領養後，成為了駐點站長，吸引許多粉絲朝聖，進而開發出許多的週邊商品，成功帶動了搭乘高捷、輕軌等人潮。

圖片來源：https://www.krtc.com.tw/Information/mascot_more?i
d=0f966c241f4c4290844637ce56a811c4

♥ 產品會客室

疫情讓許多人無法出國旅遊 華航巧思出奇招!特別選在七夕情人節讓你們在天空享受愛情的甜蜜～

克服疫情,創新航空新體驗!

後疫情時代,誰說不能行銷呢!

圖片來源：http://event.7to.com.tw/chinaairlines_ValentinesDayEvent/

本章問題

1. 請為麥當勞的店頭促銷做分析。

2. 請為「屈臣氏」的促銷方式做其他的建議。

3. 你認為公共關係的經營應由行銷部門來承擔或者另外成立公共關係的部門？其優缺點各自為何？

4. 你認為在廣告手法呈現上,什麼是關鍵成功因素？

5. 請舉出近期來各種令你印象深刻的廣告訴求。

我的IG企劃

請運用你的想像力，將下列的 IG 中空白處填滿，配合自己拍攝的照片與文字，企劃屬於你自己的主題。

靈光
一現

行銷隨堂筆記 ⊕

請你上網找最新的或最喜歡的官網、臉書專頁、產品照，剪貼下來並分享喜歡的理由。

你の浮貼

★官網Sample

我喜歡

理由

▲資料來源：🔍

你の浮貼

我喜歡

理由

★產品Sample

▲資料來源：🔍

★小編文案Sample

星巴克咖啡同好會 (Starbucks Coffee) ✓ ・・・
6月26日 · 🌐

summer is coming.
這是炎熱夏天的美好飲品推薦
你的最愛有在清單裡嗎？…… 顯示更多

你の浮貼

資料來源：星巴克咖啡同好會臉書

我喜歡

文案練習

理由

▲ 資料來源：　　　　　　　　　　　　　　　　　🔍

Name　　　　　　　　　　　Date　　　　　　　　評分

服務業行銷 14

- 認識服務業的特性
- 了解服務行業的類型
- 服務業的行銷策略

在網路金融、無人銀行、行動支付、物聯網等發展趨勢下,實體通路正快速消失。

資料來源:https://www.cathaybk.com.tw/MyBank

公司應該重視市場生命週期與顧客生命週期,勝過於產品生命週期。

~菲力普・科特勒,《行銷是什麼?》。商周,P.155。

14-1 前 言

　　當公司的產品很難與競爭者的商品做差異時，公司便開始朝服務的方向進行差異化，儘管在現今強調資訊與奈米科技的時代，服務業已經是你我生活中不可或缺的範疇，就好比現在大家隨時都是在接受服務化的生活。

　　服務業行銷正是所有行銷人員將面臨的挑戰，到底服務業Service Industry一詞是什麼？它包括的範圍有哪些？根據國內天下雜誌(2003)依照「總營業收入」之大小，統計出國內五百大服務業，其中依進榜家數的類別統計，可看出服務業涵蓋之範圍的確廣泛，雖然都是服務業，有一些相同的規則，但是各自也有其差異性。因此，本章除了介紹服務的定義與服務業的特性，同時也針對顧客關係的趨勢作逐一介紹。

廣告金句Slogan
年輕人不怕菜，就怕不吃菜（波蜜果菜汁）

14-2 服務業的意義與特性

　　相較於製造業，服務業最主要的特色在於「無形性」，尤其服務業是以「人」為中心，而製造業主要以產品為中心，或許製造業也會融合服務在其中，但要經營一個成功的服務業，首先一定要了解「服務業」的定義：根據Love lock(1996)指出：「服務業正處於一個幾乎是革命性的時期，既有的經營方法不斷遭到唾棄；在世界範圍內，因有革新精神的後來學者們通過提供全新的服務標準，在那些原有的競爭者無法滿足當今消費者需求的市場上獲得了成功」[1]。

　　從上述的說明可以得知，服務業的變化是超乎想像，當我們在思考服務業「行銷」，就不可不確認服務業的特性：

1 黃鴻程，《服務業經營》。滄海，P.8~9。

1. 以人為中心。

2. 進入障礙較低。

3. 品質很難控制與衡量。

4. 對人力依賴程度較高。

5. 每次服務無法重新再來。

6. 與客戶一同參與服務過程。

7. 產品偏重無形。

8. 「服務」很難儲存。

9. 生產力與品質難以配合。

10. 價格不易制定。

　　就以上的特性，在此舉個實例，例如歐式的自助餐，一客價格為好幾百元，一般顧客會在有限的用餐時間享用，其中的吧台供應熱炒，可能你點了三樣，過了10分鐘青菜上桌，但另外兩盤卻在一小時後才上菜，面對如此情況，可能服務生會告知：「對不起，因客人較多」或「其他二道需要較長時間烹調，但你卻見隔壁桌竟已送來，而且他們是與自己相同時間點的」，由上述的內容，我們可以發現在提供服務時，會有不同的情況產生，因此身為行銷人，尤其在企劃服務業的行銷活動，必須十分了解它的特性，同時有一句話說：「顧客永遠是對的！」如果在提供現場服務時，產生了因客戶自己所引起的問題，難道也要接受它？而馬上改變原有的服務內容，所以服務業行銷就是要能藉重理論搭配實務，以在服務業行銷的領域充分結合運用[2]。以下我們同時也介紹「服務業」特性：1.無形性；2.無法分割性；3.品質多變性；4.易逝性。

1. **無形性**：就如客戶在未購買服務產品前，根本看不到、感覺不到或嗅到。

2. **無法分割性**：服務的發生，往往亦伴隨著消費的產生。

2　黃鴻程，《服務業經營》。滄海，P.173~174。

3. **品質多變性**：服務的品質會因人而異、因地而異或者因顧客的情緒、時間、地點而有差異。

4. **易逝性**：由於服務無法儲存、行銷人員必須將它納入服務行銷中很重要的部分。

　一般而言，服務行業的類型，主要包括三大方面：

1. **內部行銷**：是將公司的員工看成「內部顧客」，其重點在於採取類似行銷的方式來激勵員工，由於員工受到鼓勵，而且擁有高度的認同度，自然而然就能快樂的提供服務，即「互助行銷」。在服務業擔任管理者應具備良好的EQ能力、同時訓練員工的態度及溝通協調的課程。

2. **互助行銷**：就如上面所談到員工其實就是我們的潛在顧客，互動行銷的重心在於「員工服務顧客的各項技術」，不僅著重員工的技術品質外（例如：整體手術是否成功），甚至功能品質（例如：整體手術的醫生）是否給予關心？

3. **外部行銷**：包括針對顧客所提供的一套行銷或優惠方案（例如：促銷配送等經常性的服務）。

靈光
一現

👤 焦點行銷話題

叫 foodpanda 送

文／黃沛瀅Brain, 2023.06, P32-35

持續壯大的成功關鍵，在於成長中維持極高營運效率。

目前，在foodpanda App上有8萬間以上的合作餐廳與生鮮品牌店家，例如星巴克、麥當勞、全聯等，大家無需出門就能輕鬆在food panda上選購喜歡的產品。

在2022年下載次數與活躍用戶數排名也是名列前茅，另外有幾個數據來說明foodpanda的成長！例如：「感恩十週年」活動一個月內被使用超過一百萬次。但真正的獲利方式為營運成本與行銷的控管及優化，使公司成為永續發展的企業。

另外，foodpanda行銷部陳嘉孟先生表示，目前公司會思考經由提高活躍用戶與現有用戶使用次數與訂單金額三個面向，來創造更多訂單；同時也透過不同行銷策略來提高訂單金額，再以分眾行銷作首要策略，將用戶以消費金額與頻率等消費模式分類，並給予合適用戶的溝通方式與優惠，藉此刺激用戶消費與消費者留存，公司也會投入分析用戶的使用習慣投其所好，不斷進行行銷活動的優化，不僅是為了提高用戶的體驗，更是把行銷預算花費更有效率；除了個人外，公司商務部門同仁也持續增加不同的店家選項，與知名品牌簽訂外送服務，來吸引客戶消費，而營運部門則努力招募足夠數量且又優質的外送夥伴，三個部門共同穩固外送市場地位。

14-3　服務的行銷策略

在前一節我們提到了科特勒提出服務業行銷的三方面，同時也了解到「服務」所具備的各種特性，因此當公司擬定服務行銷策略時，應針對三大方面作區分，同時考慮服務的哪項特性影響程度較高，以下是各項行銷與特性的關連：

1. **外部行銷策略：克服「無形性」**

   (1) 儘可能賦予無形服務朝「有形化」方式進行，包括場內的布置與氣氛讓顧客感覺公司的用心，能有利他們對「服務品質的聯想」。

   (2) 在強調專業服務的組織，例如：會計師事務所、診所，以及律師事務所，則可在工作場所內掛上執照與證書。

   (3) 讓顧客看到穿著正式專業的服飾，例如：航空公司的機師與空姐，由於顧客看見正式與專業的服裝，因此也能聯想到較佳的服務品質。

   (4) 企業藉由公益廣告增加品牌知名度，使顧客認同該企業的服務品質。

   (5) 代言人的參與：因商品的差異而選擇適合的代言人。例如：優酪乳以醫療人員作代言，強調健康與值得信任。

2. **外部行銷策略：克服不可分割性及易逝性**

   由於當顧客與服務經常同時存在，行銷人員可考慮尖峰與離峰的服務方案，例如：預約、差別定價以及適度的做好彈性服務。

3. **外部行銷策略：克服變異性**

   身為服務行銷人員，也需同時具備管理能力，也就是能將服務導向標準化。建立流程化、標準化來服務每一位顧客；同時針對員工工作特性設計教育訓練，全面提昇員工素質，同時用機器設備代替人工，讓服務更規格化、標準化。

行銷企劃內心話

　　每個客戶都會在意你的服務，尤其當你發出一張張VIP卡時，可別有了新人忘舊人，建議要適度做好卡片管理，避免服務瑕疵，尤其是預收入會費的客人。

～客服中心人員

行銷部門的一天

　　現在的職業婦女實在是家庭、事業兩頭燒，你認為家事服務業會興盛嗎？就現有的家事服務如何企劃的更有競爭力？

焦點行銷話題

Lush 帶進完整品牌體驗

文／楊子毅Brain, 2024.04, P56-61

　　來自英國美品牌LUSH自2015年退出臺灣，睽違多年後在2022年以直營模式重返臺灣市場，在2022年首先開通臺灣的官方網站，緊接在6月臺北京站百貨開設全臺第一家直營店，截至2023年，LUSH已經開設五間店與三個線上通路，包括品牌官網與兩大臺灣知名電商平台momo與Line電商。

　　目前LUSH的門市不僅可以體驗諮詢到全系列的LUSH商品，不同分店還能看到呼應商圈特色的好玩之處，例如：LUSH忠孝店「香水博物館」，在一旁的空間，仿造淋浴間，打造身體噴霧系列產品的體驗室，顧客可以選擇牆上一款身體噴霧進行試用，進入淋浴間感受香氣外，並操作自拍機，拍下網美風格照片。

　　另外一家則是LUSH信義店，規劃出獨立Party空間，可以讓顧客DIY做出具個性的汽泡彈、泡泡浴芭、新鮮面膜等，LUSH創造出派對專門店鋪，讓顧客一走進來就感受到歡樂派對氛圍，也歡迎企業舉辦各類型態活動。

　　除了上面不同的門市風格外，還有第三家門市在臺北西門站6號出口的彩虹斑馬線地景，以及品牌多元共融與產品裸裝理念，店內的彩虹汽泡彈牆設計與泡沫質地投影，以活潑方式溝通裸裝理念，邀請顧客一同追求回歸基本為目標，享有物有所值的裸裝產品。

從產地到貨架的可再生旅程

因為LUSH品牌希望糾正市場上過度包裝的習慣，除了開拓裸裝產品，也投入成本研究天然防腐技術，如沐浴汽泡彈、沐浴果凍等固態相對方便攜帶的產品，近期提出更多產品如裸裝睫毛膏、固態牙膏與漱口粒。另外LUSH更拒絕動物實驗，積極打造純素產品，並以公平價格購物原物料。在門市內也同步落實政策，如產品標示牌、包裝罐、包裝紙材均用回收物再製而成，更提供顧客將使用完的塑膠拿回店內回收，給予購物金回饋。

品牌堅持與承諾 不分虛實貼近顧客

LUSH為了讓店員平等對待所有來店的顧客，拒絕將經營會員制度來將消費者分級，訂閱官方電子報或者關注品牌各店line帳號的消費者，可即時獲得LUSH實體活動的相關資訊；另外，LUSH店內不時會出現具地區文化特色的商品，如呼應十二生肖；在虛擬通路上也是讓顧客體驗如LUSH高雄巨蛋店開幕前，邀請線上忠實粉絲試用小樣，並來店重新購買，吸引官網下單的顧客前來體驗。

👤 焦點行銷話題

擁抱顧客，感動行銷百分百

林詠慧，突破，No.220，P.94~95

當人們缺乏能量、滿懷期望的進入餐廳用餐時，內心渴望的不只是食物而已，更是一種身心能量的渴望被滿足，那就是優質的服務。

以今年正式邁入10年的王品台塑牛排為例，一向以第一流的服務、提供給顧客最頂級的精緻餐食，然而，面對坊間口感丕變、流行感十足的後起新秀，王品，又是如何走在領先之前、立於顧客心中永遠的不敗之地？

從批評互動中，找到創新求變

常常，當人們缺乏能量、滿懷期望的進入餐廳用餐時，內心渴望的不只是食物而已，更是一種身心能量的渴望被滿足，然而，如果遇到服務不周的狀況時，要不就是自認倒楣、發誓下次不再來了，要不就是跟老闆理論一番、快快而去，很少人在離開餐廳後，還敢冀望餐廳會把你的抱怨放在心裡，下次真的會改進的。

有鑑於此，「貴賓用餐建議卡永遠擺在每個最醒目、最不容疏忽的地方，每位招待人員都會懇切的邀請您留下您的寶貴建議或意見，並做為日後感動服務的起點。」王品集團訓練部協理張勝鄉強調。

沒有服務生，只有主人與貴賓

「我們都告訴同仁說，你視自己為什麼樣的人，你提供的就是什麼樣的服務，所以在我們這裡，沒有誰叫做服務生，每一個人都是最熱誠迎賓的主人，期待著給每一位上門的貴賓最熱誠貼心的招待。」張勝鄉明確解說了每個王品人的定位。最好的營業突破之道，就是來自於顧客意見的反映。

滿意關鍵：競賽、進步、0800 服務專線

「每一家店都是一個獨立的事業單位，每一個人、每一個組之間隨時都是Top.1的競爭者」這就是滿意的關鍵之一，透過不同形式的競爭，評估及了解問題的所在，找出各種可改善的努力空間，讓競爭變得更有意義。此外，透過各種可能的機會幫助同仁進步，不論是SOC工作站標準手冊或者每天固定的早、午、晚會，以及案例的分享演練、進步者的獎勵等，都充分讓顧客的滿意與同仁的進步變得融洽一致。

➕ 看他們在行銷

分享你的看法

1. 若NIKE公司邀請你重新規劃品牌與標語，可否發揮自己的想法？

2. 「NIKE」這個品牌尚有哪些發揮空間？

資料來源：www.nike.com.tw

♥ 產品會客室

　　街道隨處可見外送車，外食力量之強大。

本章問題

1. 服務業中，哪一企業的服務品質能令你印象深刻？它又如何克服了服務的各種特性？

2. 請分析迴轉壽司的服務行銷。

3. 請分享近來的服務新趨勢。

我的IG企劃

請運用你的想像力，將下列的 IG 中空白處填滿，配合自己拍攝的照片與文字，企劃屬於你自己的主題。

靈光
一現

Q **行銷隨堂筆記** ⊞ 👤

請你上網找最新的或最喜歡的官網、臉書專頁、產品照,剪貼下來並分享喜歡的理由。

你の浮貼

★官網Sample

我喜歡 ⌐⌐⌐⌐⌐⌐⌐⌐⌐⌐⌐⌐⌐⌐

理由 ⌐⌐⌐⌐⌐⌐⌐⌐⌐⌐⌐⌐⌐⌐

▲資料來源: Q

我喜歡 ⌐⌐⌐⌐⌐⌐⌐⌐⌐⌐⌐⌐

你の浮貼

理由 ⌐⌐⌐⌐⌐⌐⌐⌐⌐⌐⌐⌐

★產品Sample

▲資料來源: Q

★小編文案Sample

 星巴克咖啡同好會 (Starbucks Coffee) ✓
6月18日 · 🌐

大地色系的綠色和米色相互搭配呈現漸層變化
STANLEY系列帶來自然清新氣息的配色風格

還有以品牌經典的森林綠色推出
豐富多元的杯款，提供不同情境的選擇

👟SHOPPING PARTY🥤預購中
2024.6.21(五)活動當日，全品項享85折優惠(不包含
飲料、服務性商品、隨行卡及其儲值)，活動詳情請依
星巴克網站公告為準 https://reurl.cc/Ke5NQp
★滿額贈：活動當天單筆折扣後消費滿500元，即可
獲得特大杯好友分享優惠券一張。

👍 451   8則留言 2次分享

　👍 讚　　　💬 留言　　　📩 發送　　　↪ 分享

你の浮貼

資料來源：星巴克咖啡同好會臉書

我喜歡
....
....
....

理由
....
....
....

文案練習
....
....
....
....
....
....

▲ 資料來源：   🔍

Name   Date   評分

網路行銷 **15**

- 介紹網路行銷的意義與類型
- 說明電子商務的意義與類型
- 分析網路行銷的優點與內涵

蝦皮萬化變千，產品每月迭代，除了在各社群投放廣告外，大量商品搭配每月免運及抽獎活動，日日的活躍性功不可沒，在300萬用戶之下，成功建立品牌。

資料來源：https://shopee.tw/

今天每一家公司都需要一個網站來表達公司的品質。警告各位：「千萬不要讓一個想展示技術功力的科技專家，去設計你的網站。」

菲力普·科特勒，《行銷是什麼？》。商周，P.54。

15-1 前言

　　網際網路的蓬勃發展，促使你我完成了以前從未想到的事，好比我們可以透過網路銀行享受理財服務，也可以上網搜尋各式各樣的商品資訊，甚至拍賣自己的收藏品，更有意思的是，不用出門就能得知「天下事」，連招募員工也可以透過人力銀行來達成，面對e化的趨勢，企業該如何經營網路行銷，更是一項重要的任務，首先企業應體認以下幾項改變：

1. 企業可以在一天24小時展示並銷售公司的商品及服務。

2. 網路提供企業與所有商業夥伴密切的溝通方式，例如：透過企業所建置的外部網路，隨時以較低成本與供應商達成交易。

3. 企業可以隨時傳送各項行銷資訊例如：促銷活動、試用券或者進行消費者線上諮詢等所有顧客關係的經營。

4. 企業也能擴大經營地區，只因「網路無國界」，你只要透過網路，企業可大量降低經營成本的風險。網際網路真正提供一個溝通與銷售的交易平台，今天的行銷部門應致力在網路行銷的領域。但並非僅建置一個公司的網站而已，正如微軟董事長比爾蓋茲認為「網際網路不只是銷售管道，未來的企業將透過數位神經系統運作」[1]。

　　然而，現在的網路世界主要趨勢有哪些？以及行銷部門如何做好網路行銷，本章就以下幾個主題分別介紹，雖然網際網路的效益十分廣泛，但現在網路世界的另一個新寵就是電子商務，從傳統產業、服務業、金融業到高科技產業，每一個企業皆已接受電子商務(electronic commerce, EC)進行企業活動，但是或許你會發問，如何判別企業是否已推行電子商務，簡單來說，電子商務比企業「e化」更具實質意義，因一般e化僅就資訊的展示與電子化，因此，菲力普・科特勒定義了電子商務：「除了提供公司資訊、歷史沿革、政策、產品及工作機會給來訪的顧客外，公司或網站亦可進行交易或可促進產品與服務的線上銷售」[2]。

1　菲力普・科特勒，《行銷是什麼？》。商周，P.53。

2　菲力普・科特勒，《行銷管理學》。東華，P.47。

　　除了電子商務的介紹外，本章也會探討網路行銷的優缺點與網路拍賣的作法。

15-2 網路行銷與電子商務

Practice and Application of
Marketing Management

　　當你看見網路行銷與電子商務同時出現時，是否頓時有些遲疑，事實上，「網路行銷」(network marketing)偏重在B2C部分，何謂B2C（Business to Customer企業對消費者）？大致來說電子商務包括四個主要網路領域：B2C（企業對消費者）、B2B（企業對企業）、C2C（消費者對消費者）、C2B（消費者對企業）。在電子商務的兩個主角，分別是Business企業與Customer顧客，以下讓我們分別探討四種型態，先就B2C（企業對顧客）開始談起，此部分正是目前網路行銷主要偏重的部分，就好比「線上購物」只是在整體電子商務流程中，顧客透過網路商店進行消費。因此，大家談到網路行銷時，便直接與B2C結合，網路行銷的各種優缺點，會於後面介紹，以下為電子商務的四項方式：

一、電子商務B to C（企業對消費者）

　　B to C是指：「企業透過網路及電子媒體，對商品或服務進行推銷及提供資訊，以便吸引消費者利用網路進行購物」[3]。

3　張國雄，《行銷管理學》。雙葉，P.476。

　　例如消費者上美食網站，想得知用餐資訊，在網站首頁看見了幾家餐廳的「來店禮」兌換券，顧客順手列印下來，決定到店裡消費，同時顧客也上網查詢服飾資訊，於是上了服飾網站，後來直接點選並以信用卡方式付款，國內目前有許多表現優異的產品，包括實體與虛擬商場，具成功典範的網路書局，Amazon書店創造讀者另一種逛書店的方式，透過網路的便利與快速，立即查閱自己喜愛的書籍，同時直接下訂單及完成付款手續。除此以外，從實體商家至郵購業者每一個企業皆不卯足全力做好B to C。

二、電子商務B to B（企業對企業）

B to B是指「企業對企業間，特別是同一個產業中之供應商、製造商、顧客間，或上、下游之企業透過網路在線上進行一切商業活動」，例如高科技產業，無論供應商、製造商，大家皆會共同建立一套網路系統，透過此系統的呈現，企業彼此皆能掌握目前產能與進度，如何把供應商、製造商、顧客整合在一起？我們可以藉由以下各種方式來完成：供應鏈管理(supply chain management, SCM)、電子資料交換(electronic data interchange, EDI)、快速回應(quick response, QR)以及企業資源規劃(enterprise resource planning, ERP)等各種軟體與技術來完成，不少企業已漸漸看到實質的效益，現在許多企業皆以策略聯盟創造雙贏的局面。

三、電子商務C to B（消費者對企業）

C to B是指「消費者透過網路及電子媒體，對商品或服務進行出價，以便吸引企業提供報價以完成網路購物」[4]。

例如：一家從事C to B的公司，顧客可自行出價訂購自己所需的機票或旅遊產品，然後由個別出售機票的公司與旅遊業者向顧客報價，當有需求的顧客增加時，最後皆能因人數增加而有所優惠，因此顧客經常會運用C to B來解決類似的問題。

四、電子商務C to C（消費者對消費者）

C to C是指「線上拍賣的模式，讓買賣雙方相互交流，並獲得彼此各自的經濟利益」。例如：在網路上會依主題而有各自的社群網站，消費者各自上網張貼訊息或蒐集資料，像e-Bay就是一個個人與個人線上交易的社群，大家在線上競標，舉凡服飾、行動電話、配件、電腦、電腦遊戲、保養商品、首飾業，由於e-Bay曾在電視強打「唐先生打破蟠龍花瓶的廣告」讓國人開始對它有了進一步的了解，惟在網路拍賣時仍必須留意網路交易安全與風險。

4　張國雄，《行銷管理學》。雙葉，P.478。

👤 焦點行銷話題

歐美餐飲結合科技擦出新火花

文／朱勻文Brain, 2024.04, P52-55

歐洲近期開始運用科技，不只提升消費者用餐體驗，也在行銷活動中創造許多令人驚豔的火花！

case 01 — Subway AI 行銷

Subway在阿拉伯聯合大公國沙烏地阿拉伯與科威特推出由人工智慧支持的宣傳活動，為了推廣新品SubMelts而舉辦的限量試吃，活動邀請六位參與者品嚐這款三明治，參與者需描述吃下的體驗經歷，由AI根據言語內容送交人工智慧繪圖工具Midjourney，如其中一位參賽者分享在品嚐三明治後回想她的深夜電影之夜，他就收到一張描繪他與SubMelts，另外Subway還與3D特效公司Vertex合作，產出一支獨特宣傳影片，可以在其中看到熱騰騰的SubMelts在無人機的協助下穿越城市，融化的起司在空中翻騰。

case 02

美國連鎖餐飲Chipotle推出Pepper的AI虛擬助理，運用自然語言處理技術在其App與官網提供客戶服務，使顧客能夠透過語言或文字輕鬆下單。在2022年Chipotle開始試驗PreciTaste的新系統，它能夠利用感應器來即時監測食材的庫存，也可分析客流數據來預測需求，並根據天氣變化和地區活動調整預測，以適時給出補貨的建議。

焦點行銷話題

海邊走走

文／蕭妤秦Brain, 2023.08, p46-50

拓展數位行銷，多管道聆聽

　　臺灣蛋捲伴手禮品牌海邊走走，長期耕耘在地市場，投入數位行銷搶占市場先機，在十多年前，海邊走走大膽使用數位行銷來推廣自家產品，當時Facebook、Instagram等社群尚未提供廣告投放的選擇，加上小農與文青普遍對IT認識仍然是匱乏，但海邊走走就開始投入數位行銷，主打臺灣在地農產品做為內餡，例如：花生愛餡蛋捲與肉鬆餡蛋捲，讓產品更有特色。後續也與不同品牌進行合作，例如：2023年與微熱山丘首次進行跨界合作，推出蕉心愛餡蛋捲，後續也與植物肉品牌No MEATING合作，推出茶香鬆愛餡蛋捲禮盒。

15-3　網路行銷的條件

Practice and Application of
Marketing Management

　　談到「網路行銷」，常令許多行銷人員卻步不前，只因他們的科技能力不及專業人士，又擔心軟硬體設備與技術不足，無法即時回應顧客，同時許多從事傳統行銷，亦著重實體交易的企業，只以代表性的首頁介紹公司的現況，最多附設答客問，且當客戶來信時，竟沒有專人回覆，更遺憾的是因沒回應客戶的信件，導致客戶抱怨連連！因此，我們可先提出網路行銷推動前的條件應為：

1. 具備想經營「科技化」行銷的心態，並獲得經營者高度的支持。

2. 檢視企業科技環境，軟硬體設計需達到網路行銷的條件。

3. 行銷人員除具備應有的行銷專業能力外，必須具有一定程度的電腦技能，或者協同公司的資訊人才，或者可與外界資訊公司合作，惟仍必須落實電腦維護的工作。

4. 推行網路行銷前，透過高階主管的親身參與達到全員動員，才能做好整體行銷。

5. 網路行銷的素材必須推陳出新，否則顧客上網瀏覽的意願不高，同時必須結合聲光、影像使其活潑生動。

6. 了解競爭者網路行銷的現況，以避免再次犯相同的過錯。

7. 能多與相關網站做連結，以增加上網客戶數。

8. 多留意有關病毒式行銷的比賽，例如每年e天下雜誌皆會舉辦類似比賽，藉此學習參與者的創意，同時了解虛擬網路與實體通路如何結合得宜。

9. 培養屬於企業網路行銷人才，藉此讓每位第一線人員熱愛上網，讓他們的銷售與網路同步。既然在開始進行網路行銷需要檢視上述的事項，除此，我們可從以下的各種統計資料進一步窺探網路世界，尤其可以「網路媒體」的亮麗成績得知網路的蓬勃程度。

　　根據《動腦》雜誌的調查，2004年網路廣告量約19.6億台幣，比2003年成長40%，但只占臺灣總廣告量的2.26%，代表網路空間還有很大的成長空間；Yahoo!奇摩在2004年的廣告收入成長38%，達到10.5億新台幣，同時2004年平均每月用戶超過1千萬人次[5]，就如奇摩在2004年年底的「誰讓名模安妮懷孕」活動，讓原本死板的蒐尋功能，在懸疑話題的催化下，為Yahoo!奇摩增加1,200萬次的蒐尋紀錄，刷新「網站行銷」紀錄[6]。

5 〈各據山頭，網路齊歡唱〉，動腦，2005年5月號，P.97。

6 〈各據山頭，網路齊歡唱〉，動腦，2005年5月號，P.97。

焦點行銷話題

2023 臺灣年度－10 大數位創意嚴選

文／編輯部 Brain.NO.566 2023.06

白蘭氏追劇神隊友，3C 在手晶亮要有

品牌：馬來西亞商白蘭氏三得利台灣分公司

代理商：邁圈廣告

在眾多平台中，如何鎖定TA追劇族群，選擇合適的內容平台，把握分眾市場，透過OTT內容差異化溝通葉黃素功效，放大葉黃素系列產品優勢，成為本次品牌活動首要任務。

LUCKIMON 幸運製造所，Invoice to Earn NFT

品牌：發票怪獸

代理商：春樹科技

「LUCKIMON幸運怪獸NFT」和臺灣最大虛擬貨幣暨區塊鏈技術MaiCoin集團、臺灣知名冷錢包公司SecuX合作，使用ETH以太鏈鑄造而成，持有者掃發票就可以累積大量的怪獸幣，不僅能兌換商城內的人氣商品，還可以兌換比特幣(BTC)、以太幣(ETH)、美元穩定幣(USDT)等虛擬貨幣，讓掃發票成為環保、省錢及賺錢的管道。一系列的創意梗讓發票怪獸快速成為臺灣高人氣I2E(Invoice to Earn)應用App。

OGAWA 減壓沙發，鬆開妳的ㄍㄧㄥ

品牌：OGAWA奧佳華

代理商：橘子磨坊數位創意溝通

作為按摩椅新進品牌的OGAWA，在2022年5月，適逢疫情大爆發，百貨通路人潮驟減，面對全年最大的按摩椅銷售檔期母親節，OGAWA透過「減壓沙發」的上市，發掘現代女性的獨特Insight作為傳播切入點，運用KOL代言人的操作，從影音廣告、社群操作，線上線下的串連，結合實際的銷售，OGAWA減壓沙發的上市，在強敵環伺，疫情爆發的大環境之下，突破重圍，小兵立大功，創造出OGAWA歷年來母親節檔期的最佳銷售成績。

Samsung Galaxy S22 天機可以洩漏

品牌：Samsung

代理商：Starcorn

　　根據銷售資料顯示，新機銷售表現與社群聲量息息相關，尤其是在官方發表會「之前」，社群聲量越熱絡，往往也能帶動銷售買氣。但在手機產業，品牌無法在新機發表會之前，對外洩漏任何與新機品規格等相關內容。在毫無產品資訊的情況之下，S22的新機上市前計畫，成了最「不能說的秘密」的行銷挑戰。

Red Bull 飛行日 # 搞什麼飛機

品牌：Red Bull Taiwan

代理商：演鏡互動創意

　　Red Bull作為一個鼓勵創意精神的品牌，期望透過飛行日讓參賽者成為創意英雄。傳播品牌的態度與樂趣，鼓勵更多人讓「想像力」起飛。

粉紅絲帶乳癌防治宣傳活動

品牌：雅詩蘭黛集團

代理商：極達創新、實力媒體

　　在粉紅絲帶乳癌活動的第30週年，團隊決定透過創新嘗試，打開更多族群對於乳癌預防的認識，以達到終結乳癌的終極目標。

新光虎你發彩券行

品牌：新光銀行

代理商：光曜町數位行銷

　　鼓勵消費者善用數位金融服務，新光銀行每年都會推出會員限定的任務活動，因每年舉辦，長久下來互動的會員用戶難再成長，於是團隊鎖定臺灣消費者的習性，於線上推出虛擬的虎你發彩券行，讓活動參與互動再創新高。

證券開戶 Total Solution

品牌：KGI凱基證券

代理商：OMD Taiwan

　　凱基證券致力於客戶的富足人生，提供快速線上開戶服務，打造便利電子交易平台及行動下單App。

除蟲有事問威滅

品牌：臺灣漢高

代理商：達寬數位行銷

　　面對成熟穩定的除蟲藥市場，各項除蟲商品推陳出新，如何鞏固品牌領導地位，為本次行銷操作的主要課題。

　　團隊結合宮廟問事文化，透過「除蟲有事問威滅」的主題，將威滅專家領導地位深化，不只闡述威滅是各種蟲害的最佳解決方案，同時將威滅型塑成為消費者心中有效除蟲的信仰。

打造金腰帶，創造逆勢成長

品牌：維格醫美集團

代理商：cacaFly行銷科技方案中心

　　「美麗的事，維格的事」。2006年維格醫美集團成立，至今全臺遍布17間醫美診所及5間頂級SPA。

　　隨品牌擴張，集團購入自動化行銷系統以輔助集團人力，但是內部運作後才發現，單靠系統發送活動通知，並無法提供即時服務給用戶。為顧及多元客群，維格攜手cacaFly行銷科技方案中心，結合cacaFly在會員數據應用策略，宏觀的產業洞察與系統的高度掌握，實現客製化服務的藍圖。

15-4　網路行銷的優點與內涵

Practice and Application of
Marketing Management

　　既然科技帶來商機，網路世界的影響力又是無遠弗屆，大致來說，網路行銷的優點如下：1.不用店租，2.經營成本較低，3.不受時空限制，4.避免不必要的浪費（例如：郵寄、宣傳文件的製作成本），然而要了解的一件事便是當公司有意在搜尋網站刊登廣告，其費用不低，同時刊登的方式與傳統媒體種類、規格皆不同，以下為網路廣告的形式：

(1) 橫幅廣告(banner ads)。

(2) 按鈕廣告(button ads)。

(3) 電子郵件廣告。

(4) 純文字廣告。

(5) 跳出式廣告。

(6) 大幅尺寸廣告。

(7) 浮水印廣告。

(8) 捲軸廣告。

(9) 多媒體動畫廣告。

(10) 豐富媒體式(rich media)廣告。

(11) 分類廣告。

(12) 離線廣告。

(13) 推播廣告。

另外，在網路行銷進行後，如何評估效果，可由以下五項衡量：1.曝露度(explosure)；2.點選率(click through)；3.參訪停留時間(visit purgation)；4.瀏覽深度(browsing depth)；5.購買結果。除此之外，我們應克服網路行銷可能面臨的問題：

(1) 網路連線品線好壞。

(2) 線上公司聲譽好壞與否。

(3) 網路交易安全性。

(4) 網路交易隱密性。

(5) 購物支付機制的建立問題。

(6) 產品的品質如何。

廣告金句Slogan
一定要幸福哦！
（義美IRIS喜餅）

行銷企劃內心話

「網路行銷」的經營是即時、互動性高的領域，若公司收到e-mail時，身為行銷人員可別怠慢了你的客戶，他可會在時間上與你計較，甚至在網路上肆無忌憚批評你的服務效率。

～網路行銷部門企劃助理

行銷部門的一天

可否就以下各項提出它們各自在網路行銷的優缺點：

A. 可口可樂

B. 白木屋

C. 君悅飯店

靈光
一現

焦點行銷話題

iPod 掀起數位音樂新浪潮

Brain, No.365，P.48~49

iPod在短短幾年內，不受景氣影響，坐穩數位隨身聽第一的寶座，這箇中的秘訣是什麼？

全世界沒有幾個品牌，在上市時能讓消費者排隊購買，iPod一推出，不只是讓消費者搶購，更吸引全球許多時尚名牌，爭相和iPod結合，近年來iPod持續的暢銷，讓消費者絲毫沒有感受到不景氣的存在。

iPod在市面上共分為iPod、iPod nano和iPod shuffle三項產品線，各自也做好明確的市場區隔，iPod以30~60GB的容量取勝，iPod shuffle價格便宜，設計更輕薄短小，方便學生族群或通勤族攜帶，而iPod nano則鎖定都會雅痞或年輕族群，強調色彩既豐富又時尚的機種。

iPod受歡迎的程度，連美國小布希總統也不例外。而iPod平均每月銷售量約為2百萬台，全球賣出超過7千萬台的佳績，早已坐穩數位音樂隨身聽第一名的寶座。

抓起數位音樂革命潮流

蘋果電腦一向以數位音樂的先驅者自居，而能讓iPod抓起「數位音樂革命」，就不能忽略與iPod搭配的iTunes Music Store，2003年蘋果電腦與五大主流唱片公司達成協議，合法取得音樂的授權，讓iPod和五大主流唱片公司一同創造了一個最大的合法數位音樂販售平台。

整合行銷造就 iPod 神話

一項好產品若是有優異的行銷活動推廣，必定能讓銷售量更上一層樓。

利啟正指出，iPod始終強調全球一致化的品牌印象，所有的創意都有統一的image。而在行銷工具的選擇上，不管是置入性行銷、異業結盟、公關活動，還是網路廣告…等，iPod一樣也沒少做。

iPod 創造另一種 life style

掄元品牌顧問執行長陳富寶分析，在MP3滿街跑的現在，iPod將科技產品，轉型為新生活方式，尤其iPod搶眼的外觀，讓消費者在佩帶時，象徵另一種life style，反而創造出iPod獨一無二的價值。

🔲 焦點行銷話題

「乖乖」歷久彌新的祕訣

文／陳羿郿 Brain, NO.531 2020.07

1968年誕生的乖乖，走了逾半世紀之久，口味、包裝、行銷手法等隨著時代更迭，推陳出新，每每推出新口味或新週邊，都讓人眼睛為之一亮。例如：2019年，乖乖跨界與悠遊卡公司合作推出的立體迷你版乖乖悠遊卡，上市沒多久，就被搶購一空，或是近日防疫期間，總統蔡英文Facebook粉絲專頁上，出現了未上市的「阿中部長」乖乖，同樣引發廣大網友熱烈討論。

乖乖打造專屬 IP

1968年，在這IP（Intellectual Property，智慧財產）概念尚未普及的年代，乖乖成立之時，就已早先他人一步，設計了自己的吉祥物、主題曲、動畫廣告。

談起這些靈感的來源，乖乖總經理廖宇綺笑著說：「目前市面上看到的『乖乖』是第三代。『乖乖』是創辦人我爺爺（廖金港）、爸爸（廖清輝）和其他兩位夥伴，共同發想出來的。兩顆大門牙的特徵是源自電視布袋戲人物哈嘜二齒；而第一代『乖乖』身上穿的是墨西哥斗蓬，因為當年墨西哥奧運相當風行；藍色雙角帽則是因為我爺爺很崇拜拿破崙，就模仿他帶的帽子。鼻子當初是以小丑為想法，鞋子則是從牛伯伯來的靈感，這樣各種元素拼湊而成的吉祥物。」

而好唱好記的乖乖主題曲，在過去曾改編成洗手歌，用來提醒小朋友們勤洗手。近日，因新冠肺炎疫情的關係，乖乖將這首「老歌」重新放上YouTube平臺，無償提供給校園或需要的機構作為政令宣導使用。

➕ 看他們在行銷

分享你的看法

1. 你認為網路拍賣網站的經營應留意哪些？

2. 請將國內拍賣網站與國外拍賣網站做比較？

3. 試比較1111與104人力銀行在網頁表現之差異。

👤 焦點行銷話題

後臉書時代來臨－品牌如何玩社群？

Brain, NO.475

Burberry- 用 LINE、Snapchat 開啟另類的時裝秀

　　英國時尚品牌Burberry宣布和LINE合作，日本民眾只要透過Burberry的官方LINE帳號，就可以在行動裝置上，同步觀看2015倫敦時尚秀的Burberry Prosum秋冬女裝發表，這對遠在地球另一端的日本民眾來說，不用遠赴英國，也能快速掌握最新的流行趨勢。

　　Burberry和LINE也在日本推出一款限定版貼圖，讓LINE的人氣角色兔兔和熊大，穿上Burberry的經典格紋風衣和圍巾，喜愛Burberry的粉絲就可以下載貼圖收藏。

LINE

LINE比較是個人的通訊軟體，智慧手機的興起，也順勢讓LINE在臺灣蓬勃發展，接下來幾年，應該也會是民眾常用的社群軟體之一。相對於其他社群平台，LINE近年來開始善用貼圖、電子商務的LINE@生活圈，建構一個社群上的商業模式，讓品牌經營者搭起和民眾之間的橋梁。

有很多品牌喜歡和LINE合作，用兔兔和熊大推出聯名貼圖；不過，其中有一個風險是，很可能紅了貼圖，品牌本身卻沒有被加值，這是經營者要與LINE合作前，需要仔細思考的地。

Big Data 未來如何－幫助品牌找到新藍海？

Brain, NO.475

未來企業的競爭力，應決定在企業是否能有效落實「數據化營運」的執行力。當大數據話題無限延燒時，越來越多提供大數據服務公司出現，未來大數據還能為品牌做什麼呢？

趨勢 1 － Big DATA 深入各大產業，提供暖心服務

電影〈大英雄天團〉，溫暖人心的醫療機器人「杯麵」打動許多影迷，「杯麵」的設計包含簡易的急救功能（內建電擊器）、暖爐（發熱器）、用來評估患者身心狀況的掃描功能、流利的語言溝通，和靈敏的偵測能力，，以及胸前具備即時顯像螢幕。

趨勢 2 －視覺化時代，讀懂影音圖像語言

俗話說：「一張圖，勝過千言萬語」，隨著各種圖像社群逐漸崛起，像是Instagram、pinterest等以圖片為主，文字為輔的社群媒體深獲年輕人的心。

趨勢 3 －跨螢整合，追蹤消費者行為軌跡

等一下要吃什麼？附近有什麼餐廳？下一個動作，馬上拿出手機上網查詢，這樣的行突顯人們對智慧型手機的依賴。哪個品牌能當下滿足消費的需求，就能脫穎而出。

抓準時機，掌握行動產業數字。凡走過必留下痕跡，利用消費者對於行動載具的黏著度，給品牌更多機會，藉由追蹤載具，清楚描繪顧客輪廓。

趨勢 4－聆聽社群聲音，尋找行銷關鍵

消費者對社群網路的黏著度日益增加，每天都有消費者在社群網站發表對品牌、產品、服務的看法，這些巨量資料代表消費者 的心聲，也是品牌了解消費者的重要管道。

虛實通路邁向混戰時代

文／許惠捷 Brain, No.430

通路行銷戰終究是品牌最後的決勝點，虛實通路之間有哪些變化？針對不同通路該如何行銷？

臺灣的消費市場中，便利商店密集度是世界第一，如果不能把消費者帶進來，一切都是枉然！當消費者在網路上就能滿足需求，他們為什麼不「宅」在家裡？如果消費者只要出門走幾步路，就有商店提供服務，為什麼還需要上網購買？

過去線上購物，大多以3C產品、書籍為主，近年來又增加化妝保養品、服飾配件、生活用品、生鮮蔬果，到現在幾乎任何商品都能在虛擬通路中買到。此外，多元的網路服務，也吸引越來越多消費者上網，使網購市場發展蓬勃。

根據臺灣網路資訊中心2010數位落差調查，上網和網購最多的族群是落在20~30歲，年齡越長，上網和網購比例就逐漸下降，有清楚的世代差異，但是聯準行銷顧問總經理陳子玫解釋，不能忽視35歲以上的族群，他們通常社經地位較高，有較強消費力。政治大學商學院副院長別蓮蒂也指出，社交媒體的出現，讓更多年長者願意上網，就有更多機會網購，因此，未來虛擬通路服務的對象不分性別、也沒有年齡的限制。

過去實體通路把虛擬通路當作對手，但這幾年，實體通路和虛擬通路形成又競爭又合作的新關係，陳子玫表示，實體與虛擬通路的戰爭正在擴大戰場，演變成一場大混戰！

根據經濟部2011年統計，臺灣零售業總產值為新臺幣36,000億，其中，網購市場有新臺幣5,489億元，占總產值的15.2％，相較去年網購市場產值3,583億，成長了53％。

很多品牌擔心，虛擬通路會搶走實體通路的生意，但在臺灣網路資訊中心的調查中，當問到網購者「有沒有因為網購，而減少到實體商店消費？」有一半的人回答，不會減少到實體消費的次數，可見虛實通路兼用的消費者大有人在。

　　現代的消費者，能自在遊走於不同工具、平台或服務之間，面對這樣的消費市場，品牌要如何看待虛實通路，當前虛擬通路和實體通路有什麼變化？針對不同通路該如何做行銷？

便利商店大越界

　　在臺灣，7-ELEVEN、全家、萊爾富和OK等，全天候營業的便利商店隨處可見，密度全球第一，深深影響臺灣消費者的生活。東方線上董事長詹宏志表示，消費者對便利商店的高度依賴，可說是2011年「意料之中的意外」。

　　現代人對便利商店的依賴程度，必須用「不可或缺」來形容，這種依賴不是商品的，而是服務的。從泡麵、停車繳費、宅配取貨、提款、買高鐵票、洗衣服等各式各樣，光是繳費服務就占了72.4％，而增加速度最快的品類則是生鮮餐飲。

　　7-ELEVEN發現，生鮮食品中最熱銷的御飯糰和御便當，用米量占了臺灣米飯用量的15％，是臺灣米最大的使用及銷售平台。為完整建構生鮮產業鏈，7-ELEVEN直接與農民簽約投入農產契作。

　　全家便利商店則是進行500家店的環境改裝，改善用餐環境，讓實體店面更具吸引力。此外，全家便利商店在過去一年內，賣出800萬個地瓜，未來也有計劃投入農產契作。

　　為了能滿足消費者各種需求，便利商店連結的領域越來越廣，消費者和便利商店的關係也越來越黏。過去認為虛擬通路會搶走實體通路市場，但是從便利商店的經營，我們看到虛實通路相輔相成，服務消費者，也讓便利商店占盡優勢。

　　陳子玟認為，當虛實通路沒有界線，就必須強化各自特點，如虛通路要追求便宜、可靠、速度、資訊充足與服務好，實體通路則加強愉快、輕鬆、自在的購物氣氛，讓購物成為一種休閒。

量販通路加亮點

　　面對便利商店、超級市場的競爭，量販店也感受到威脅。

　　近幾年臺灣量販店越來越「好逛」，因為經營者早已注意到，只有把消費者留得更久，才能讓消費者買得更多，因此，提供的服務也越來越多，從賣場到美食街，應有盡有。

　　賣場中的試吃，是量販店吸引消費者的常用策略。但是益利整合行銷總經理黃文進表示，消費者已經習慣傳統通路的試吃、試喝、試用等推廣活動，如果推廣活動了無新意，就無法在推廣活動中建立品牌價值。

　　所以除了試吃活動,量販店會利用面對面的優勢,與消費者進行溝通,教育消費者,讓通路服務加值。例如:美威鮭魚的促銷人員,會在提供消費者試吃時,針對魚的各部位解釋相關知識,教消費者如何辨識好鮭魚。此外,美威也提供鮭魚食譜和調味醬包,與消費者進行廚藝分享;而在部落格和臉書粉絲團上,則由廚師固定推出鮭魚新料理,讓品牌溝通持續在虛擬網路中進行。

　　除了各品牌調整在通路的做法,在經營策略上,例如:家樂福也開始著重在服務的優化。自2006年開始積極推動以會員卡為主的忠誠計畫,不用收費,就可透過消費累積點數,也配合不同商品做促銷和點數加倍活動。

　　愛買則採取在地化經營,使獲利成長。至於快速展店中的全聯,則十足威脅到量販店的發展,目前已經發展到608家,預計2014年全臺灣擴展到800家,並且開始建構更完善的產業鏈,建構環狀物流。

♥ 產品會客室

　　現今人手一書,臉書成為 x－z 世代的,認識這個「人人都是世界公民」的世代,不能忘了它。

焦點行銷話題

麥當勞如何經營社群媒體？

Brain, NO.477

麥當勞群媒體經營管理上，有8大策略，分別是：

1. 放大自媒體效益

像麥當勞在社群上有五個品牌，分別是「麥當勞官方粉絲團」、「麥麥童樂會」、「麥當勞叔叔之家慈善基金會」、「官方Instagram」、「麥當勞鬧鐘App」。

2. 品牌說故事

舉例來說，「媽媽和麥當勞的祕密計畫」。

3. 觀眾說故事

讓群眾一起協助，傳達品牌訊息。例如：麥麥辦桌「婉君上菜單」活動，用麥當勞牛肉做成牛肉丸，和海蔘、鮮蝦、蔬菜做成「翡翠牛肉丸」料理。

4. 虛實整合O2O

用盡方法把線上的網友導入實體門市。

5. 主動與被動

有些事情要很主動去做，有些則被動回應。

6. 掛名與不掛名

操作的時候要像變色龍，是從品牌官方回應出發，有時要和群眾站在一起。

7. GoMobile

現在行動媒體是未來的趨勢，品牌必須掌握。

8. 給忠實擁護者獎勵

麥當勞有「麥麥童樂會」這個官方社群，會定期找出常按讚、留言的網友，給予鼓勵。

本章問題

1. 談一談在上網時的經驗，你是否曾經有過網路行銷的經驗（是網路拍賣或者線上購物？）

2. 請上網查詢以下各個產業（任何一家）的網路行銷現況，並提出個人建議：

   A. 金融業

   B. 文教業

   C. 高科技業

   D. 食品業

   並分別探討電子商務的類別？（C to C、C to B、B to B、B to C）

3. 查詢近3年由e天下舉辦的網路行銷比賽，並舉出例子說明。

4. 請推薦在你心目中最佳的網站，並分享它的優點。

靈光
一現

我的IG企劃

請運用你的想像力，將下列的 IG 中空白處填滿，配合自己拍攝的照片與文字，企劃屬於你自己的主題。

行銷隨堂筆記 🔧

請你上網找最新的或最喜歡的官網、臉書專頁、產品照，剪貼下來並分享喜歡的理由。

你
の
浮
貼

★官網Sample

我喜歡 ·····

理由 ·····

▲資料來源: 🔍

你の浮貼

我喜歡 ·····

理由 ·····

★產品Sample

▲資料來源: 🔍

★小編文案Sample

 六月初一.8結蛋捲
5月22日・🌐

快樂出國季節，來了✈️
旅遊旺季準備開始，機票訂起來了嗎？
出國玩，記得帶上一份心意，…… 顯示更多

資料來源：六月初一8結蛋捲臉書專頁

你の浮貼

我喜歡

理由

文案練習

▲ 資料來源：　　　　　　　　　　　　　　　　　　　　🔍

Name　　　　　　　　　Date　　　　　　　　　評分

關係行銷 **16**

學習目標

- 了解顧客關係管理的意義
- 介紹關係行銷的意涵
- 認識行銷新趨勢－議題行銷與口碑行銷

博客來網路書店，讓許多愛書人都能即刻找到自己想讀的書，同時能在自己指定的便利商店取書。

資料來源：https://www.books.com.tw/?loc=tw_logo_001

「關係行銷在行銷界劃下了一個重大的改變，將思考模式從競爭與衝突，轉變成互相依賴與合作。」

～菲力普・科特勒，《行銷是什麼？》。商周，P.150~151。

16-1　前 言

　　我們經常聽到公司在抱怨現在的顧客越來越難應付！除了重視價格，更有自己獨特的消費意識，因此，身為行銷人員，最大的挑戰來自於如何創造「快樂與忠誠的顧客，而為何用快樂來形容呢？只因為他們能獲得高度的顧客滿意度，不僅如此，公司更提供顧客權益(customer equity)，以上是近來提出的顧客關係管理。實際上，顧客關係管理 (customer relationship management, CRM)是透過顧客基本資料、過去交易記錄以及心理特性，促使公司進一步掌握顧客的喜愛。」一般來說，顧客關係管理經常會利用科技建立資料庫，再經由資料庫分析了解顧客的消費行為，藉此做為行銷策略的參考，更重要是了解如何與顧客建立關係並持續維繫長久良好的關係。但是，許多企業亦不只是停留於此，進一步，他們更深刻體會關係管理，並不只是在顧客身上，其他關係－包括與供應商、員工、配銷商以及零售商諸多的夥伴，結合起來的「關係」才能決定公司的命運。其中若有一方出現問題，都會影響公司的商譽或業務發展。傳統的經營，都有一個盲點就是以為只要爭取顧客就好，沒有思考到彼此的關係，會影響到企業未來的發展。因此「關係行銷」成了現在行銷的一項趨勢，企業願意將競爭關係，轉變成互相依賴與合作的關係，達成各種角色，共同提供目標顧客群最好的服務。本章除了介紹顧客關係管理與關係行銷外，另外，也會探討行銷近來的趨勢，包括議題行銷、感性行銷、許可式行銷以及預期行銷。

16-2　顧客關係管理的意義

　　許多公司常在意市場占有率，不管透過廣告或任何行銷創意，目的就是增加新顧客，但是檢視行銷資料卻呈現四項事實：(1)爭取新顧客的費用，可以比維護一個既有顧客高出50~100%；(2)一般公司每年

失去10~30%的顧客；(3)顧客流失率若能降低5%，那麼利潤就可能視不同的產業而提高25% 到85%；(4)一個顧客所提供公司的獲利率，通常應該會隨著顧客和公司的往來時間增長而逐年增加 [1]。

在2005年5月號的突破雜誌的一篇標題「失去一位忠誠顧客的代價是1,100萬」的文章中，提到對凱迪拉克汽車而言，一名忠誠顧客的終身價值相當於33萬2千美元，對必勝客披薩來說，也可高達84元美金。（資料來源：林陽助，突破雜誌，2005年5月號，P.80）

因此，真正的顧客關係管理不應只看重新客戶的經營，但如何檢視自己企業與顧客關係如何？以下為得知顧客關係層次：

1. **基本型行銷**(basic marketing)：銷售人員只是將產品銷售給顧客。

2. **反應型行銷**(reactive marketing)：銷售人員推銷產品給顧客，並鼓勵顧客在必要時，有任何疑問或抱怨，都可以隨時呼叫他。

3. **責任型行銷**(accountable marketing)：銷售人員在銷售產品後不久便打電話給顧客，詢問產品是否符合顧客的期望。銷售人員也會請求顧客提供任何改善產品的建議及任何感到不滿意之處。

4. **主動型行銷**(proactive marketing)：公司銷售人員經常與顧客接觸，並向顧客推薦改良的產品用途或新產品。

5. **合夥型行銷**(partnership marketing)：公司持續地為顧客服務，或幫助顧客提高績效 [2]。

當企業得知自己現在與顧客的關係後，如何建立與維持，正是企業首要任務，部分企業光在客戶資料的整理都不完整，在科技產品的便利條件下，企業可以運用軟、硬體，建立顧客資料庫，經資料庫分析顧客的行為，如此一來，才能將顧客的需要與心聲融入到企業的決策中。另外，企業也依客戶需要，建立顧客服務中心，強化與顧客之間的關係，同時給予顧客服務中心的員工適切的教育訓練，讓員工懂得客戶的認知、抱怨與滿意，更重要的是企業也別忘記其實員工也是我們的客戶，公司在整體的經營理念與作法，也需抱持顧客關係管理的精神，隨時激勵員工的表現，營造「關係和諧」的職場文化。

1 菲力普‧科特勒，《行銷是什麼？》。商周，P.159。

2 菲力普‧科特勒，《行銷管理學》，11版。東華，P.94~95。

16-3　關係行銷的意義

在第一節前言內容中，稍微提了關係行銷的意義，以下是關係行銷(relationship marketing)的定義：「指企業與企業之各種夥伴－顧客、供應商、員工、經銷商、零售商，為了建立與維護長久成功的關係，並且共同合作提供目標市場顧客最佳價值的行銷活動。」事實上，關係行銷的主要特性如下：

1. 關係行銷重視企業夥伴與顧客傾聽與學習。

2. 重視顧客的維護與成長，而非顧客的開發與獲得。

3. 期許企業間跨功能之團體合作，而非部門間的運作而已。

4. 關係行銷著重夥伴與客戶經營，而非公司本身商品。針對以上的特性或許你會提出一個問題，那麼在實際的行銷實務該如何進行？

一、企業與顧客的關係基礎

首先先檢視自己的企業與顧客的關係基礎為何？尤其現今仍有許多企業並不十分清楚自己是否仍在從事傳統的「交易行銷」(transaction marketing)，它主要的特色是一種「短期」的交易關係，例如公司會用產品的特色或低價來吸引顧客上門，當顧客購買之後，公司又開始思考下一步的策略，日復一日，總是在「爭取顧客」。就交易行銷主要的特色包括：1.重視短期的單次交易；2.公司僅提供當時銷售應有的服務；3.品質的掌握多數操控在生產單位；4.並未有預先服務的概念。而「關係行銷」卻是：(1)長期的經營顧客；(2)高度注重顧客的認知與接受度；(3)經常透過許多方式與顧客互動。談到此處，我們可以確定的是，「關係行銷」應具備的基礎是：(1)將心比心；(2)長期承諾與關懷；(3)強調互動以達互惠的程度。

二、找出如何與顧客關係聯結的方法

一般的企業均有三種作法與顧客聯結：1.財務型態的聯結；2.社交型態的聯結；3.結構性的聯結。

1. 財務型態的聯結

企業主要用財務觀念來發展，例如顧客會因折價券至阿瘦皮鞋購買鞋子，又如同臺北捷運在轉乘方面是以免費方式承辦，同時搭乘公車也享有折扣，因此不僅拉攏了客戶，也增加了搭乘顧客人數。

2. 社交型態的聯結

強調與客戶建立關係，在建立的時候雖不及價格來得立竿見影，但是最後真正擁有忠心耿耿的愛用者，如2005年5月號的突破雜誌中提到幾個強調客製化的例子，如「個性化風潮」在網路搜尋引擎網站打入「創意蛋糕」－就能訂做一個自己希望的造型，同時連結婚也走上個性化，從蓋上兩人手紋的喜帖，到私人派對蛋糕，甚至訂製一個「Face Name」屬於自己的卡通人像圖案，再運用T恤、鑰匙圈到小配件，打造每一個人獨特的「個人品牌」，這些成果，在在打動顧客的內心深處，讓他們因著這些創意，不僅協助客戶自己實現自我，更拉近公司與他們的距離。

3. 結構性的關聯

此項關聯經常使企業必須為顧客提供「附加價值」，是一種類似夥伴的角色，此部分大多需仰賴技術與系統，例如黑貓宅急便的宅配到府服務，除了將貨品交給宅配工程外，顧客可以透過上網了解貨物的送達情況，畢竟節省顧客的時間加強彼此依賴的關係，是競爭者很難在短時間取代的重要原因之一。

16-4 行銷新趨勢

Practice and Application of
Marketing Management

一、議題行銷

在第四節中我們將一一認識目前在行銷方面的趨勢，以贏取顧客心理的作法為主，其實先前已有，只是現在更為廣泛，就以全國電子的廣告手法，從場景到對白，在在呈現市井小民的真實心境，以觸動情感為訴求，有別於傳統行銷方式，以某些利益擊敗強勁的對手的做法已不再使用。相反的，如何打動顧客內心深處的感動，才是現階段行銷所應努力的方向，回顧2004年雅典奧運的舉例，在許多廣告中可以發現與奧運相關的產品設計，或者以奧運為主題的促銷，另外，當奧運結果宣布國內跆拳道國手陳詩欣、朱木炎勇奪金牌時，他們抵達國內後，從電視台到商品代言更是邀約不斷。從行銷的角度切入，企業可以藉由贊助某個重要的議題（像是更注意飲食、多運動、定時看醫生或拒絕毒品）來提升知名度，稱之為議題行銷」[3]。

因此運用議題行銷的公司會透過贊助，例如：可口可樂長期贊助奧林匹克運動會，希望透過贊助，贏得消費者的信賴與好感，同時也能邀請相關人士去參與這些大型活動，除了達成行銷的結果外，也能做到公關活動效果。此外，像一些企業喜愛藉助名人的知名度來打響自己的品牌，但是企業必須謹慎挑選對象，避免因代言人個人的行為造成公司負面印象。以下是議題行銷需要具備的重要觀念：

1. 選擇適當時機，並慎選議題，方能達成議題行銷。

2. 不要因議題行銷，導致公司需付更多的費用，若要讓費用變成投資，企業需小心選擇贊助項目。

3. 避免因贊助形成慣性，或擔心被批評而不能停止。

另外，在2005年3月25日日本舉辦了「愛知博覽會」，吸引了成千上萬的人士參觀，此次展覽的目的即是預告了「未來夥伴，未來移

3 菲力普・科特勒，《行銷是什麼？》。商周，P.44。

動與未來居住生活」，展覽中展現了能說4種語言的接待機器人，與能在每天會場關門後，清掃地面的「清掃機器人」，又如大會資料提出：「機器人市場預計在2010年將有一兆8,000億日圓的規模」，透過此項資訊，國內許多參與廠商原先已有類似的想法或者已具備研究能力者，在透過愛知博覽會的高知名度後，將促使企業搭上便車以行銷高科技的結晶－機器人的行銷行列，根據《經濟學人》近期的報導分析，日本大企業積極投入機器人研發的理由－第一是「話題性」[4]。可見議題行銷的趨勢儼然而生，另外在全球生態發出警訊時刻，綠色環保風潮吹襲企業界，在「2005北美年度風雲卡車」(2005 North American Truck of the Year)，得獎車不是雙B，更非法拉利、保時捷等跑車。而是訴求環保、節能的綠色概念車。「在全球石油用量只剩40幾年的壓力下」，這個令人為之驚訝的「議題」，顛覆過去環保車瘸腳的印象，成為市場最具話題車種[5]。

4 謝宛蓉，e天下，2005年5月號，P.35~37。

5 高宜凡，e天下，2005年5月號，P.41。

6 范碧珍，e天下，2005年5月號，P.40。

二、口碑行銷

你會在意別人的說法嗎？你曾經有過因別人口碑推薦而購買的經驗嗎？口碑(word-of-mouth)簡稱WOM，在1990年學者Bristor提出，不管是品牌轉換或態度的改變，甚至忠誠顧客的塑造，口碑傳播都令人不得不重視其關鍵性的影響。而口碑行銷的定義：是指一種無商業利益意圖的消費者之間，彼此談論有關某一品牌、產品或服務的對話過程[6]。

在現在的口碑行銷，最典型的是「獎勵推薦」，其中金融服務業經常透過帳單或簡訊告訴顧客，例如這樣的一句標語：「會員推薦成功，就得紅利積點」，或者航空公司的「哩程優惠計畫」，只要你能推薦親友，就可享受免費旅遊或升級，就以上可以歸納出口碑行銷的特點如下：

1. 藉由消費者之間自然熟穩之關係作為宣傳方式。

2. 口碑行銷有別廣告宣傳僅能提高知名度，而是扮演決策的關鍵性角色。

3. 口碑行銷可積極拉攏忠誠顧客，或促使顧客加深對品牌的認同度。

4. 藉由口碑行銷可間接提昇顧客滿意度，並透過他們協助公司傳播正面資訊。

5. 可以最精簡的成本發掘並經營潛在客戶。

6. 口碑行銷可成為公司促銷活動的工具。

7. 密切留意因負面口碑造成企業的威脅。

三、體驗行銷

「你是否曾因為店內的感受與品味而被深深吸引」，似乎現在並非光是購買商品而已，「全感官體驗」的時代已臨，當走入一家明亮、乾淨並且裝飾成家、溫馨的賣場，有客廳，更有餐廳，走進來的顧客不是被銷售人員包圍，而是可坐在沙發上操控薄型電視之影音功能；而在布置數位電視、音響、DVD錄放影機的數位家庭中，「科技」不再是冷冰冰的名詞，未來甚至可以用手機看電視，iPod可將音樂帶著聽，如此「全感官體驗行銷」即將正式上路，像這樣的「數位匯流」結晶讓行銷也開始面臨另一波考驗，就是家電、通訊、媒體、軟體的匯流。因此身為行銷人員必須認清到一個真象就是，「消費者在意的不是科技本身的新穎，而是科技產品如何成為體驗生活的方式，讓消費者從其中『感覺』，這股體驗行銷將改變行銷方式」[7]，以下是體驗行銷近來的幾項趨勢：

在丹尼爾・平克(Duniel Pink)所著的「全心思考」一書中提到：「講究邏輯的資訊時代已經走入追求體驗與感動的概念新世代。企業要在這個新時代中脫穎而出，就必須創造出感動人心的商品，才有存在價值，這才是贏得消費者青睞的關鍵[8]」。

因此，行銷人員必須轉變另一種心情，就是為顧客創造回憶的體驗，同時要執行體驗行銷應該具備丹尼爾・平克所說的，應朝向「後資訊時代」，亦即體認到「概念新世代」，並朝以下三個方面努力。

7 陳世耀，〈新體驗時代來臨〉，e天下，2005年5月號，P.108~121。

8 郭芷婷編譯，〈打造體驗行銷的6種新感覺〉，e天下，2005年5月號，P.122~125。

1. 由「資訊力」向「感知力」移動。

2. 由「高科技」向「高感動」移動。

3. 由「左腦」向「右腦」移動。[9]

　　而行銷人員如何實行以上三種移轉，有幾項方法是丹尼爾‧平克建議：

9　郭芷婷譯，《打造體驗行銷的56種新感覺》，P.122~125。

1. **第一感「設計」(design)**：根據倫敦商業學院的調查統計，企業每投下百分之一的銷售額在產品設計上，公司的獲利可平均增加百分之三或四。因此可養成隨時攜帶「設計筆記」，記錄日常生活中所發現的設計。

2. **第二感「故事」(story)**：可多培養故事感知的方式，多分享自己與他人的故事，甚至可以透過數位化做媒介。

3. **第三感「融合」(symphony)**：這是一種整合的概念，整合就是打破既有的藩籬，發展既創意又有趣的方法或商品，可練習聆聽交響樂曲，培養融合的能力。

4. **第四感「移情」(empathy)**：即設身處地在別人的立場來感受本身的感覺。

5. **第五感「玩樂」(play)**：由於「快樂」可以讓每個人更具效率與自我滿足的能力，因此，行銷企業應該讓員工有高度的工作樂趣，企業也能安排員工參與「認真遊戲」(serious play)的訓練課程。例如：美國《華爾街日報》報導超過50家歐洲企業，包括諾基亞、戴姆勒克萊斯勒、阿爾卡特，都特別請顧問協助員工「認真遊戲」，例如：用樂高積木做主管訓練。

6. **第六感「意義」(meaning)**：可以透過探索與沉澱，從中能創造讓顧客體驗意義的商品。

　　以上六感可以是培養體驗行銷的暖身工夫，有待各企業積極找出關於體驗行銷的方向。

廣告金句Slogan
再忙，也要和你喝杯咖啡。
（雀巢咖啡）

👤 焦點行銷話題

SKII 耕耘部落　錢景可期

Brain, No.381，P.46~48

　　SK-II除了主打傳統媒體廣告之外，也開始經營部落格達人，新品上市找來6、7位網路寫手，每10位靠櫃的消費者，就有一位是看部落格而來。

部落格強調深度溝通

　　主打熟女族群的SK-II，號稱是和代言人結合最成功的品牌，蕭薔、劉嘉玲和莫文蔚清一色都是數一數二的紅星，透過她們證言式的代言手法，的確為SK-II創造出明確的品牌定位。

　　現在SK-II除了大打電視廣告之外，也開始相中部落客的高人氣、高影響力，經營起部落格行銷，就像培養種子一樣，希望藉由部落格達人，這些第三單位，印證產品的成效，強烈的公信力，更能說服讀者，獲得他們的認同，廣度加深度的溝通，兩者才能在行銷上創造出加乘的效果。

新品上市創造口碑

　　SK-II也會在新產品上市的時候，提供試用品給部落客，針對網路上的年輕族群，強調美白和保濕，能抗老化之類的產品。

　　SK-II品牌走優雅路線，部落客的文章調性自然也不能相差太遠，SK-II也會關切這些被選中的美妝保養部落格達人，在意哪些肌膚的問題，為她們量身訂作，提供合適的商品，改善肌膚，並且定期追蹤照顧。

有請部落客　加倍好自在

Brain, No.376，P.38~40

　　當好自在衛生棉，沒有明星代言，找上當紅的部落客達人「女王」，會擦出什麼樣驚人的火花？

　　每天必有萬人以上瀏覽人次的當紅部落客達人「女王」，另一個合作的部落客，則是超級KUSO的「貴婦奈奈」。好自在衛生棉就是看準閱讀女王和貴婦奈奈的部落格的族群，用經濟又實惠的預算，和女王合作，不到一個禮拜，瀏覽人數就衝破30萬人。

鎖定目標族群　全力進攻

P&G寶僑家品旗下品牌好自在衛生棉，這次除了改善以往功能標示不清楚的包裝，另外最主要的訴求是「月來月快樂」的概念，希望女性在經期中，依然能找到屬於自己的舒適和快樂感受。因此P&G大量的把預算移轉到網路廣告。

廣告主對消費者的觀察也要越來越敏銳，郭婉蘋提到，她們的目標族群是20~30歲的輕熟女，和網路的使用族群年齡相符，也通常是網路重度使用者，於是希望能從尋找部落格達人當中，找到能夠吸引這群消費者的達人寫手。

選部落客也要靠運氣

廠商要如何才能選到一好的部落客？好自在認為，首先部落客的讀者習性，一定要和品牌或產品有連結，女王的部落格，長期都以兩性話題為主，會上去瀏覽的網友當然也以女性居多，因此在寫到關於衛生棉經驗，是再適合不過。

好自在認為，現在請明星代言已經不是萬靈丹，他們要的是更能和消費者互動的「代言人」，部落客就是有那種「in-touch」的能量，比那些高高在上的明星，還要能打動人心。

女性經濟

Brain, NO.479

俗話說：「女人心，海底針」，品牌如果想要搶攻「她」經濟，哪些女性獨有的行為特徵不能不知？對於世界上弱勢的女性，品牌又該如何為她們發聲？

「她經濟」，源自中國經濟學家史清琪提出的「女性經濟」理論，指的是女產經濟獨立、社會地位提升後，旺盛的消費需求和能力，為市場創造無限的商機，並帶動經濟發展；品牌經營者也從女性的視角出發，針對不同女性消費族群，提供更人性化、個性化的服務和商品，滿足她們的需求。

品牌搶攻她經濟

以NIKE為例，2014年NIKE調撥20.8％的總預算，約49億美元（約新臺幣1,636億元）到女性商品上。

3C品牌也紛紛推出「粉紅色」機型，例如：iphone 6S/6 Plus「玫瑰金」、三星Note 5「瑰鉑粉」等，吸引女性消費者目光。

臺灣花王推出更有效率的清潔用品時，就以「輕輕鬆鬆成為乾淨的懶女人」，引起女性消費的共鳴。

🖥 行銷企劃內心話

常常與顧客互動，雖然是很重要的一件事，但若是拗客，可得小心應對，尤其他們可是會消耗公司的人力成本，建議謹慎處理此類客層，因他們的要求常使公司必須破例再破例，影響其他客戶權益。

～Call Center的主任

● 行銷部門的一天

你認為中國信託是否有推動「關係行銷」？請列出具體事項，同時多家金控集團（兆豐金控、國泰世華金控、新光金控等多家）是否也有經營此項目。

➕ 看他們在行銷

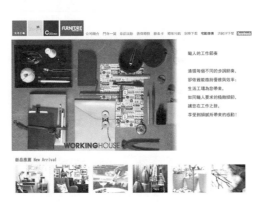

資料來源：www.workinghouse.com.tw

分享你的看法

1. 請探討生活工場實體通路與虛擬網路結合之表現。

2. 請上網查詢亞馬遜網路書店，並提出自己的看法。

3. 生活工場的竄起，消費者漸漸懂得成為生活玩家，可否針對「生活工場」的現況與未來作建議？

4. 針對生活工場的主題式行銷，你的看法如何？

➕ 看他們在行銷

　　想吃飯店美食不用再打電話訂位了隨著宅經濟的興起，許多飯店業者看見商機紛紛推出全新的「外帶、外送」服務。

圖片來源：https://reurl.cc/QRQqKo

本章問題

1. 請回想一下有哪些公司曾提供你完善且親切的服務，它又是建立在哪些基礎上？

2. 當我們打到銀行的語音服務時，在與客服中心人員通話時的過程，算是顧客關係管理的一種嗎？

3. 你認為還有哪些議題可為行銷帶來收穫？

4. 你如何看待體驗式行銷，優缺點是什麼？

5. 「爺爺您回來了！」是否還可以作其他行銷活動的點子？

請運用你的想像力，將下列的 IG 中空白處填滿，配合自己拍攝的照片與文字，企劃屬於你自己的主題。

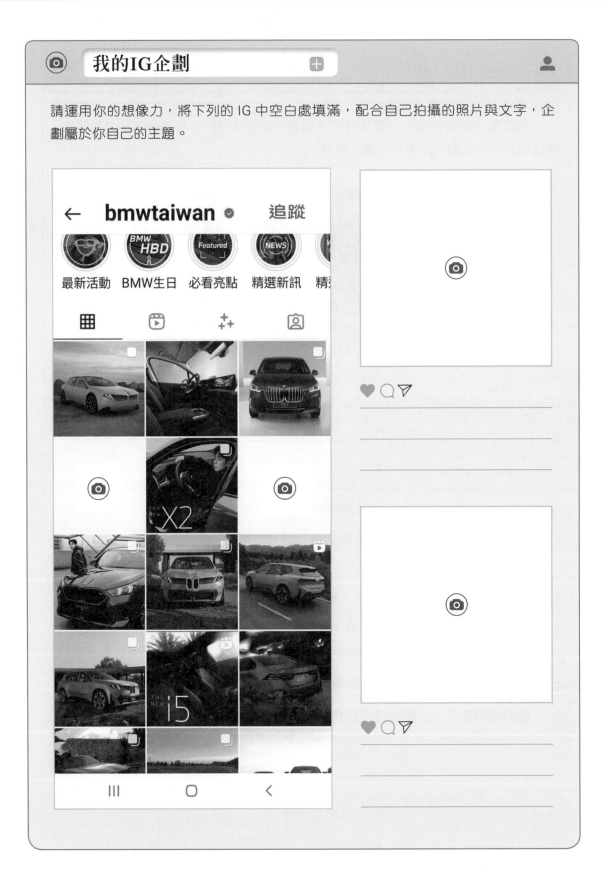

行銷隨堂筆記

請你上網找最新的或最喜歡的官網、臉書專頁、產品照，剪貼下來並分享喜歡的理由。

你の浮貼

★官網Sample

我喜歡

理由

▲資料來源：

你の浮貼

我喜歡

理由

★產品Sample

▲資料來源：

★小編文案Sample

六月初一.8結蛋捲
4月27日・🌐

倒數！台北車站限定|阿薩姆紅茶蛋捲【倒數３天
~4/30】
阿薩姆紅茶口味粉請注意 📱 …… 顯示更多

資料來源：六月初一8結蛋捲臉書專頁

你の浮貼

我喜歡 ....

....

....

....

理由 ....

....

....

....

文案練習 ....

....

....

....

....

....

....

....

▲ 資料來源： 🔍

Name _____ Date _____ 評分 _____

靈光
一現

靈光
一現

國家圖書館出版品預行編目資料

行銷管理：實務與應用/劉亦欣編著.--七版.--新北市: 新文京開發出版股份有限公司, 2024.08
面； 公分

ISBN 978-626-392-050-7（平裝）

1. CST：行銷管理

496 113011320

行銷管理－實務與應用（第七版） （書號：H122e7）

編 著 者	劉亦欣
出 版 者	新文京開發出版股份有限公司
地　　址	新北市中和區中山路二段 362 號 9 樓
電　　話	(02) 2244-8188（代表號）
Ｆ　Ａ　Ｘ	(02) 2244-8189
郵　　撥	1958730-2
初　　版	西元 2006 年 07 月 10 日
二　　版	西元 2008 年 04 月 20 日
三　　版	西元 2010 年 07 月 30 日
四　　版	西元 2013 年 03 月 31 日
五　　版	西元 2017 年 02 月 10 日
六　　版	西元 2020 年 09 月 01 日
七　　版	西元 2024 年 09 月 10 日

New Wun Ching Developmental Publishing Co., Ltd.

New Age · New Choice · The Best Selected Educational Publications — NEW WCDP

新文京開發出版股份有限公司

NEW
WCDP

新世紀‧新視野‧新文京—精選教科書‧考試用書‧專業參考書